U0029440

一流的貓系工作術

「組織のネコ」という働き方

不從眾、不心累，在公司內做自己，自由又出色！

仲山進也 著

陳綠文 譯

【組織中的狗】

就像對飼主忠心耿耿的狗一樣，遵從公司指示與命令的人。比起自己的意志，更重視按照公司的指令行事。

【組織中的貓】

即使隸屬於組織，也像貓一樣無拘無束的人。因為擁有堅定的自我意志，所以不一定會完全聽從公司的指示。

前言

我是一名公司職員。

雖然我進入現在這間公司已有二十年左右，但我並不負責管理任何一位部下。而我身邊碰巧有許多好客戶眷顧著我，託他們的福，我工作得非常愉快。

我認為自己是一名普通的上班族，只不過因為我不太擅長和大家做相同的事情，所以經常會做出一些誰也不會做的舉動。也因為如此，有些同事好像認為我是一個「有點奇特的傢伙」。

某天，我在一場活動上遇到許久不見的友人坂崎小姐。我想，我們應該有兩年左右沒見了吧。

坂崎小姐告訴我：「我們公司的負責人出書了。因為也想請你讀一讀這本書，那我就寄一本給你吧。」

由於收到的書非常有趣，我便向坂崎小姐傳達自己的讀後感，結果順勢就約好下次要和坂崎小姐及那位社長共進午餐。那位社長似乎被人稱為「神級基金經理人」。不知怎麼的，好像什麼都能被他看穿一樣，總覺得有點恐怖……我懷著這種想法，迎來了午餐聚會的那天。

吃著午餐的同時，我也被問及與公司狀況和工作方法相關的問題，在回答的過程中，那位社長，也就是藤野先生，一邊扶著他那副閃著光芒的圓眼鏡，一邊不疾不徐地對我說：

「你是虎型上班族吧。」

「虎型上班族？」

藤野先生接著說：

「在我的分類之中，有三種虎型人能為這個世界帶來力量。首先，就是名為『冒險進取之虎』的創業者。他們以都市為中心過生活，並利用先進的技術和商業手法勇於冒險創業，是一群以巨幅成長為目標來進行挑戰的人。

其次，是『叛逆青年之虎』。他們會統領各地區間充滿活力的年輕人，也就是那些『溫和的叛逆青年』。是一群透過與在地緊密接觸、展開多行業發展，以此創造商業成長的人。

接著，第三種則是『公司職員之虎』，也就是剛剛說的虎型上班族。最近，有越來越多人即便身為公司職員，也不會拘泥於公司框架，能夠自由地實現自我。他們在活用公司資產的同時，也能取得傑出的成果；他們不完全依從公司的命令行事，而是遵循自己的使命履行工作。

創業的難度很高，若想在地區上取勝，就需要在當地占有勢力範圍。但如果是虎型上班族的話，任誰都可能當成。

我認為最悲哀的就是，明明對公司心懷不滿，卻被合群的心理壓力逼到絕境，導致精神出現病症的狀況。如果是這樣的話，不如抱持離職不幹的覺悟，重新在公司內打造一個自己的立足之地。這種方法或許也不錯吧？我希望能透過推廣虎型上班族這一概念，打破日本社會的壓抑感。我向坂崎小姐提出這個想法後，她便告訴我：『有一位非常符合的人選哦！』她向我介紹的，就是你了。」

我一邊在心裡想著：「什麼啊？我可沒聽說過這件事。」一邊把視線移開。接著，我看到坐在藤野先生旁邊的坂崎小姐一臉欣慰地呵呵笑著。

藤野先生見我還沒掌握狀況，繼續說道：

「我來說說為什麼你是虎型上班族的三個理由吧。你現在任職的公司是上市公司，有著紀律非常嚴明的形象。儘管如此，你還是以和緩的形式承擔著手上的工作。就像現在這樣，你可以在平日白天起就自由行動，前來與在工作上毫無關連的對象見面。這是第一點。

還有，剛才你在講述自己公司事業的存在意義時，提到公司創業至今一直都很注重『雀躍感』這一理念，正是這點讓我再次確認了。我也感受到你是在公司理念與自我使命交疊的狀態下工作的。這就是第二點。

譯註：日本原文為「マイルドヤンキー」，是市場行銷分析師原田曜平所提出的概念。與傳統品行不良、充滿攻擊性的叛逆青年不同，現代叛逆青年的性情更溫順，對身處的地區懷抱熱愛之情。

除此之外，你平常所接觸的客戶，大多是來自全國各地的經營者。也就是說，你正是冒險進取之虎及叛逆青年之虎也認可的人。老虎的嗅覺十分敏銳，他們能分辨出誰是為了任職公司的利益工作、誰是為了自己的信念工作。能和不同類型的老虎融洽相處，也是虎型上班族的特徵。這就是第三點。」

「我只是經常想著如何才能讓客戶的生意經營得更有趣，那感覺就像是與他們玩在一塊而已……。」

「沒錯。正是因為如此，才能發自內心地享受工作。我非常期待，如果像虎型上班族這樣的工作方式，能在世界上得到更多認可的話，是不是就能有越來越多人在工作中感受到樂趣了呢？」

這就是我與藤野先生的相遇。

介紹晚了，我是本書的作者仲山進也。

我任職於樂天公司，創立了能讓樂天市場的商家交流學習的「樂天大學」。同時，我也持續在為網路商店的經營者、營運者提供幫助。

以這次相遇為契機，我就此展開一段「尋找虎型上班族之旅」。

之所以會開啟這段旅程，是因為我把藤野先生說的話貼到社群平台後，收到一名認識的網路媒體編輯提出的邀約：「要不要來連載與虎型上班族的對談呢？」一收到訊息，我馬上就回覆對方：「聽起來好像很有趣，我想做！」對於自己信賴之人所提出的邀約，我總是習慣直接就回答「好」、「Yes」。

旅程開始之際，我向藤野先生提出一個疑問：

「你選擇以老虎為主題的動機是什麼呢？其中有什麼含意嗎？」

藤野先生是這麼回答的：

「老虎隨心所欲地過活，同時也擁有強大的力量、具有名為「實力」的獠牙。而在同樣的系統之下，也存在『貓』這種生活方式哦。」

「所以也有貓型上班族對吧！」

「雖然貓比老虎嬌小，可愛又討人喜歡，也不具備多大的力量，但他們還是過得隨心所欲。即便隸屬於組織，他們依然有堅定的自我意志，所以要不要聽主人所說的話，都隨自己的心情而定。我想，如果是無法成為老虎的人，也有作為貓生活下去的選項。而和老虎比較的對象，就是『獅子』。」

「那麼老虎與獅子的差別在於……」

「雖然獅子被稱為萬獸之王，而且跟老虎一樣都是強大的象徵，但他們也具有群聚生活的特性。若說傳統企業菁英的目標，就是成為像獅子一樣的人，應該也不為過吧。」

「原來如此。獅子就是支配著組織，如同首領般具有領導力的那種類型對吧？再來，雖然會順從組織的指令，卻不像獅子一樣有力的，就是『狗』這種生活方式了。這樣加總起來，就形成四個象限了呢！」

「哦！完成四象限了呢。關鍵在於多樣性。並非說什麼樣的生活方式更尊貴，重要的是由自己選擇要以什麼樣的方式過生活。如果原來像貓一樣的人，以像狗一樣的方式來工作的話，就會感到痛苦。對這樣的工作者提出『除了成為狗之外，還有其他不同的選項』，是有其意義的。」

在那之後的「尋虎之旅」中，我有幸與十多位「老虎」展開對談。這些虎型人當中，不僅有一般公司職員，也有銀行員、公務員。另外，也有現在是經營者的前上班族。接下來，若提到公務員的話，我會稱其為「虎務員」。

這本書，是從充滿魅力的虎型人之思考與行動當中，提取出「新工作方式的啟發」，將其濃縮而成的一本書。

發揮自己的長處、真誠面對客戶，對組織和社會都付出貢獻；若感覺公司的指示命令有哪裡不太對勁時，比起公司的指令，更會選擇貫徹自己的使命；由於能活

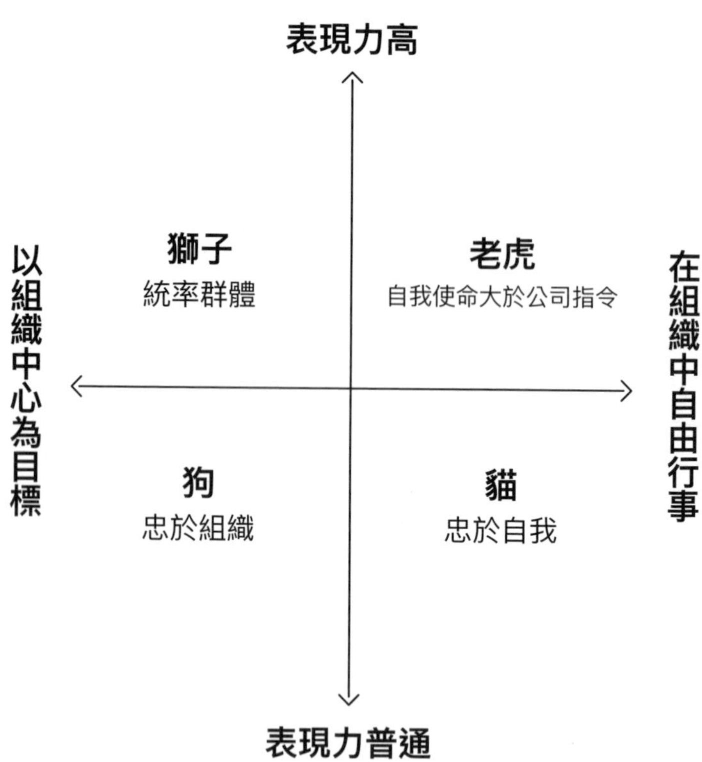
工作方式的四種類型
（隸屬於組織的情形）
表現力高
獅子
統率群體
老虎
自我使命大於公司指令
以組織中心為目標
在組織中自由行事
狗
忠於組織
貓
忠於自我
表現力普通

用自己的強項來創造價值，所以言行舉止也自然不造作；被周遭的人視為是必要的存在，因此能長久持續下去。接下來將介紹的，便是像這樣自由、可持續的工作事例，以及各式各樣的「虎型人的工作方式」。

只是，這裡存在一個問題。

那就是，虎型人的工作方式太具有突破性，乍看之下會讓人覺得實在無法輕易模仿。其中有許多小故事，會讓人懷疑「什麼？隸屬於組織的話，真的有可能用這樣的方法做事嗎？」。

為此，本書也整理了「虎型人的共同特性」。從他們的思考與行動中，提煉出本質上的共同點，因而發現，其實當中也充滿了許多不論是誰都能輕易展開的行動。

本書並不打算一下子就告訴各位：「人人都以成為老虎為目標吧！」

首先，我認為應該先向那些以曖昧不明狀態在工作的「貓型體質人」，也就是「披著狗皮的貓型人」呼籲：「成為組織中的貓，不也還不錯嗎？」

「至今為止，我都深信只有『作為組織中的狗』這一種工作方式。不過，原來自己只要以『像貓一樣的工作方式』為目標就好了啊。」像這樣，如果本書能讓越來越多人開始發覺這件事，那麼我會非常高興。

此外，如果能讓已經採取「像老虎一樣的工作方式」的人認為「竟然有那麼多的我輩中人啊！」，或者「一直以來都感到很孤獨，但看了這本書之後覺得自己被激勵到了！」，那我也會感到很幸福的。

那麼，接下來就讓我們一起踏入「貓與老虎」的世界吧！

披著狗皮的貓

目錄

第 1 章

工作方式的四種風格
組織中的狗、貓、老虎、獅子

第 2 章

在組織中出色地自由行事

23種虎型人的工作方式

第3章 取得破格成果者的共同點

第 4 章

進化的關鍵是「適當的加減」

從貓到老虎的道路

第5章

「組織中的怪人」會是變革人才

貓與老虎的存在意義

第6章

建立自律型組織

如何有效活用貓與老虎的能力

工作方式的四種風格

組織中的狗、貓、老虎、獅子

組織中的四種動物類型

在本章中，我將以自己的方式，試著整理出與「組織中的狗」形成鮮明對比的「組織中的貓」之工作方式，以及與老虎和獅子相關的生態情事。另外，由於這些是以我這個生物學外行人的粗略印象所做的思考統整，會有部分習性與實際的動物生態不相同，這部分請別見怪。

那麼，就讓我們深入挖掘一下這個以動物來比喻「在組織中的工作方式」的分類圖吧。

以組織中心為目標工作的，是左側的狗和獅子。反之，想要在組織中也能自由行事的，是右側的貓和老虎。

組織中的四種動物類型

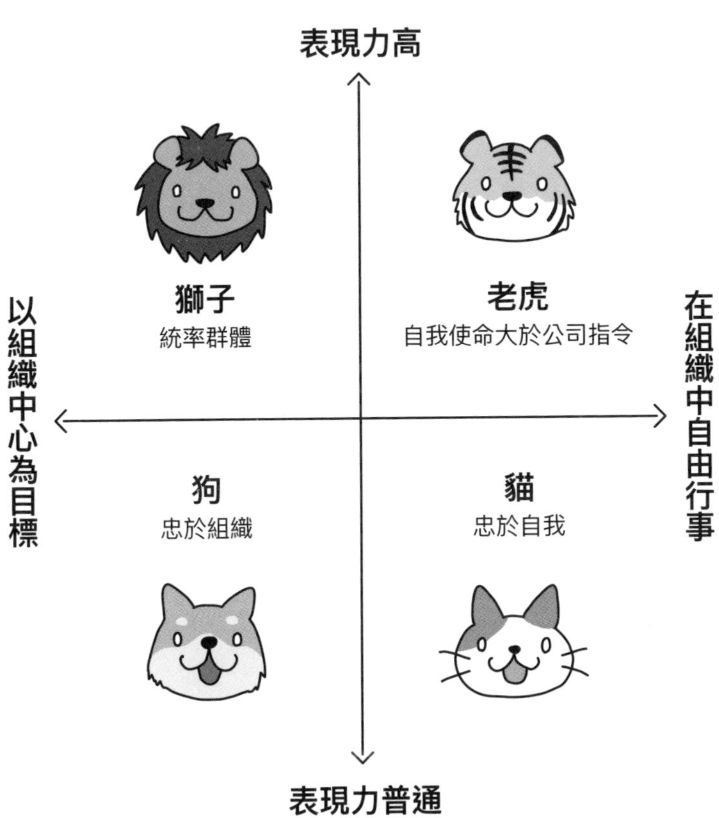
表現力高
獅子
統率群體
老虎
自我使命大於公司指令
以組織中心為目標
在組織中自由行事
狗
忠於組織
貓
忠於自我
表現力普通

在此提到了「自由」一詞。實際上，這就是讓狗派和貓派容易形成隔閡的關鍵詞。因此，以下我將先提及自由的定義。

說到「在組織中自由行事」，很多人想到的都是不到公司、而是在自己喜歡的場所工作；或者不在早上起床也沒關係；只做自己喜歡的工作、不做自己不喜歡的工作等等。在某種意義上來說，這些也被解讀為「隨心所欲、恣意而為」。

當然，如果公司裡都是這樣子的人，很難經營下去。所以照常理來說，人們肯定會認為：「說什麼想要在組織中也能自由行事？也太不像話了吧！」

結果，越來越多人認為「工作就是一件不自由又伴隨自我犧牲的事」。於是，便誕生出越來越多眼神已死的上班族。

如此一來，世上的人們都會被壓得喘不過氣來。為此，讓我們試著以不同的角度來思考看看「隨心所欲、恣意而為」的意思吧。

首先，若我們去查詢自由的反義詞，就會找到「拘束、束縛、統治、強制」等詞彙。無論是哪一個詞彙，都帶有「約束任性妄為之人」的含意，沒什麼別的延伸解釋。

接著，來查查「自由」的意思吧。我們可以看到它的意思是「遵循自己的意志」，或者「自己有其理由」。因為自己「想要去做」，或者自認「有其意義」而做，這些都與任性妄為不同，也並不一定會伴隨著自我犧牲。因此，將自由定義為「自己有其理由」是十分合適的。

這麼考慮的話，自由的反義詞就是「他由」（這是我新造的詞）了。其他人叫你去做你才去做。也就是說，這個情形是因為別人有其理由，你才為此開始行動。

另外，即使是因為其他人叫你去做才開始行動，但若你自己為其賦予意義，認為是「自己想做」，或者「有其意義」的話，那也可以稱為是「自由」吧。

多數上班族的工作，都是以「他由」為開端的。大部分的情況下，都是在上司發出指示後才開始執行工作。不過，如果是由自己來解讀其意義，將「他由」轉變為「自由」的話，也可以說這是在「自由地工作」。

與此相對，那些無論怎麼想都不覺得有意義的「百分之百是被吩咐去做的工作」，就是真正的「他由工作」。

換言之，當組織發布指令時，就算無法將其轉變為「自由」，也能甘願接受、履行職務的人，便是「狗派」。

相反的，當無論怎麼想都覺得手上工作是「他由工作」時，便會若無其事地忽略它、或者想辦法在不做任何行動的狀況下就解決它，並認為「必須忠於自我行事」的人，便是「貓派」。當然，實際上也有自由行事的狗派，以及因他由而苦悶行事的貓派。

因此，可以說自由並非「隨心所欲、恣意而為」，而是「自己有其理由」。只要能理解這一點就行了！

發現狗和貓的不同之處後，我們再回來看看組織中的四種動物類型圖。接下來登場的，是獅子和老虎。

這兩者的共同點，是表現力的高度。並非說狗和貓的表現力「低下」（圖表上標示的也是「普通」），不過獅子和老虎取得的，是任誰都看得出來的、既突出又巨大的成果。

獅子是統率群體的核心人物，也就是所謂的「老大」。他們在金字塔式階級制度的頂點掌握大權，帶領組織前行。雖然一旦咆哮起來總讓人覺得可怕，但他們還有重情重義、很會照顧人的一面，所以也十分受眾人敬仰。他們就是至今人們對「理想的傑出領導者」會有的形象。

相較之下，老虎給人的感覺就不太像「老大」。

他們不會穩踞在組織中央不動，而是非常喜歡待在工作現場。他們也愛好平行對等的關係，平時會在組織的邊界周遭徘徊。與獅子擔負著主流業務的情況對比，老虎多半處於「非核心的位置」。

這裡所說的「邊界」，是指各種事物交雜在一起的混亂狀態。老虎會把在那裡發現的、想到的待解決問題帶走，並著手處理這些問題。因此，與其說他們是像獅子一樣「將群體好好地整合在一起」，倒不如說他們更像是在「把大家混雜在一起」。

老虎不善於面對僵硬固著的組織，他們的「統整方法」，就是透過打亂、鬆散整體結構，將分散四處的人事物重新編排、連接起來。

正因如此，在獅子周圍大多進行的是「慎重嚴謹」的工作；而在老虎周遭則大多是以「大家一起鬧哄哄地討論，同時反覆試驗、摸索」的方式展開工作。

了解狗、貓、老虎、獅子大致上的差異後，讓我們更進一步理解這四種類型的詳情吧。

四種類型的契合度

這四種動物類型，彼此各有不同的「契合度」。

縱向關係

狗對獅子心懷敬畏，因此無論獅子說什麼，狗都會聽獅子的話。

貓對老虎心懷憧憬，因此他們經常想著：「好想成為那樣的人啊。我有辦法成為那樣的人嗎？」若讓貓來參與老虎著手成立的專案企畫，他們就會幹勁十足地投入執行。

橫向關係

獅子和老虎對彼此抱持著敬意。這是因為他們能理解，由於每個人的資質都存在差異，所以無論是各自能發揮長處的行事作風，還是擅長的職務與責任都各不相同。他們彼此都認為對方「正在替自己做那些自己做不到的事情」。

而狗和貓尚未如此成熟，所以很容易會瞧不起那些憑自己的價值觀所無法理解的對象。

狗對貓抱持的想法會是，「拜託好好去做那些被交辦的工作嘛」，或者「不要擾亂團隊行動啦」；至於貓對狗抱持的想法則會是，「不要總是做那些被交辦的工作，去做其他更重要的事情吧」，或者「老是看上司的臉色做事，還真是辛苦呢」。

斜向關係

位於對角線的「獅子和貓」，以及「老虎和狗」，彼此的契合度也不怎麼高。

彼此的契合度

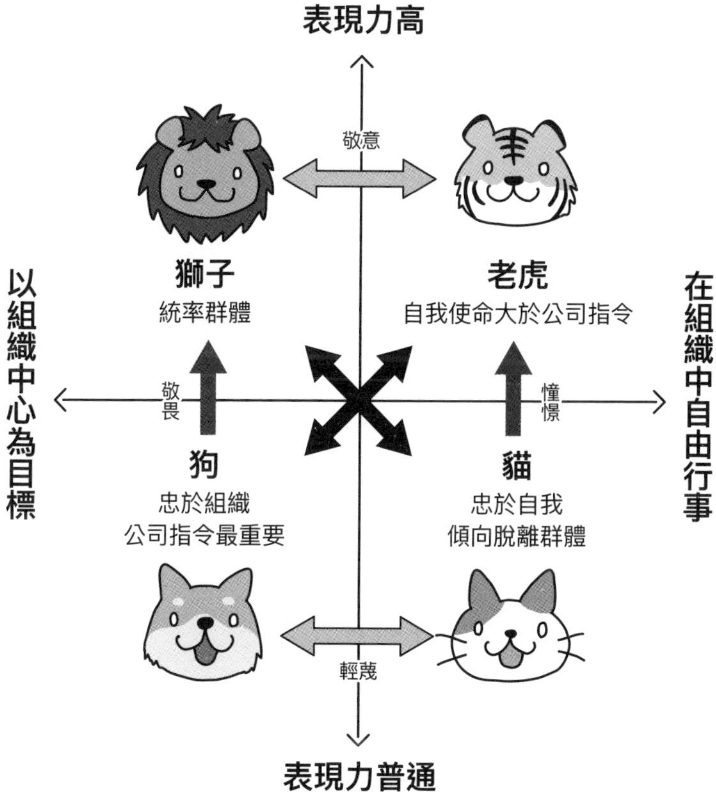
表現力高
敬意
獅子
統率群體
老虎
自我使命大於公司指令
以組織中心為目標
敬畏
憧憬
在組織中自由行事
狗
忠於組織
公司指令最重要
貓
忠於自我
傾向脫離群體
輕蔑
表現力普通

這是因為「統率群體的獅子」與「討厭群聚的貓」形成了鮮明的對比。不過，由於獅子認為「即便有像貓一樣的類型存在也沒關係」，而貓也覺得「沒有想要違抗獅子的意見」，所以彼此不至於形成對立的局面。雙方的關係維持在「不怎麼在意對方」的狀態。

與此相比，認為「公司指令最重要」的狗，和「自我使命大於公司指令」的老虎，可能就不太合拍了。特別是像「冒險進取之虎」和「叛逆青年之虎」這樣的虎型經營者，他們非常討厭那種戴著組織的假面具、強硬地把對自己公司有利的狀況擺在第一位的職員。

若是嗅到那種氣息，老虎甚至可能會在才剛見到面一分鐘的狀況下，就馬上跟對方說：「我可以回去了嗎？您想問的事情都已經寫在資料上了。」

另一方面，狗也會對作為同事的老虎心生嫉妒，容易認為：「明明我這麼努力在遵守公司的指令，為什麼那傢伙做事卻那麼隨心所欲？也太狡猾了吧！」

雖然這四種動物類型彼此的契合度各不相同，但說他們「有所對比」，也不代表就會水火不容。重要的是，他們各自擁有不同的價值觀與行事作風，可以活用彼此的「相異之處」。

接下來，將以「規則觀」、「角色觀」、「軌道觀」、「失敗觀」這四個觀點來區分彼此價值觀的差異。那麼，就讓我們來看看其中的不同之處吧。

四種類型的規則觀

所謂「規則觀」，就是對規則持有的不同觀點。

對獅子來說，規則是為了統率群體而存在的東西。

對狗來說，規則是必須遵守的東西。他們的口頭禪是：「因為這是決定好的事。」

對貓來說，規則是令人窒息的麻煩事。他們的口頭禪是：「沒必要這麼做吧？」

對老虎來說，規則是為了提升表現力而存在的規矩（自我規則）。

基本上，狗和貓都認為規則是「由他人制定、被要求遵守的東西」，也就是由外在決定的「他律」。

而對獅子和老虎來說，他們會認為規則是「為了提升自我表現力，由自己來制定的東西」，也就是自我約束的「自律」。

制定規則的方法有兩種。第一種是「唯一正解型」。舉例來說，就是「因為附近有人投訴學生穿著奇裝異服，所以我們要製作全體統一樣式的制服」，像這樣提出要求，告訴大家「請這麼做」的類型。

第二種，是如高爾夫球OB線般的「界線型」，也就是「雖然不能超出這條界線，但只要在界線範圍內的話，要怎麼做都可以」的規定方式。

獅子和老虎更偏好界線型的規則。

此外，雖然狗也會制定規則，但他們往往會因為認為「方便管理的做法比較好吧」，想著「這麼做是為了對方好」，而以唯一正解型的方式來制定規則。於是對貓來說，這就成了「令人窒息的規則」；他們會忍不住心想：「就算不統一制服也沒關係吧？只要在不會接到投訴的範圍內來選擇要穿什麼就好了吧？」

唯一正解型的規則會這麼容易滲透組織，還有另外一個理由。那就是，以界線型來思考、制定規則，實在是太麻煩了。若要決定「不會引發問題的界線」，或是「不會有人抱怨的界線」，就得花費大量的思考成本，所以大家才不想這麼做。

相對之下，保有自己的理念與世界觀的人（獅子或老虎），能夠思考到「要是越過這條線的話，不就毫無美感了嗎？」，或者「如果在這之後還能有更進一步的發展，就會失去原先的價值，不這麼做比較好吧？」，所以會決定以界線型來制定規則。

換個角度來看，若擁有自己的理念與世界觀，就沒必要感到迷惘，也不必憂愁苦惱了。因此，也可以說判斷事情的效率會跟著提升。

界線型的規則，並非「束縛他人的規矩」，而是「為了確保自由所需的自我規則」。像這樣為自己而定的規則，就叫做「自律」。

重要的是，規則和制定規則的目的必須放在一起來考慮。如果不共享「必須遵守這項規則的目的是什麼」的話，自由便很可能會受到不必要的過度限制。

所以，當有人告訴你「因為這是決定好的事情」時，請向對方確認「這是為了

對規則的想法

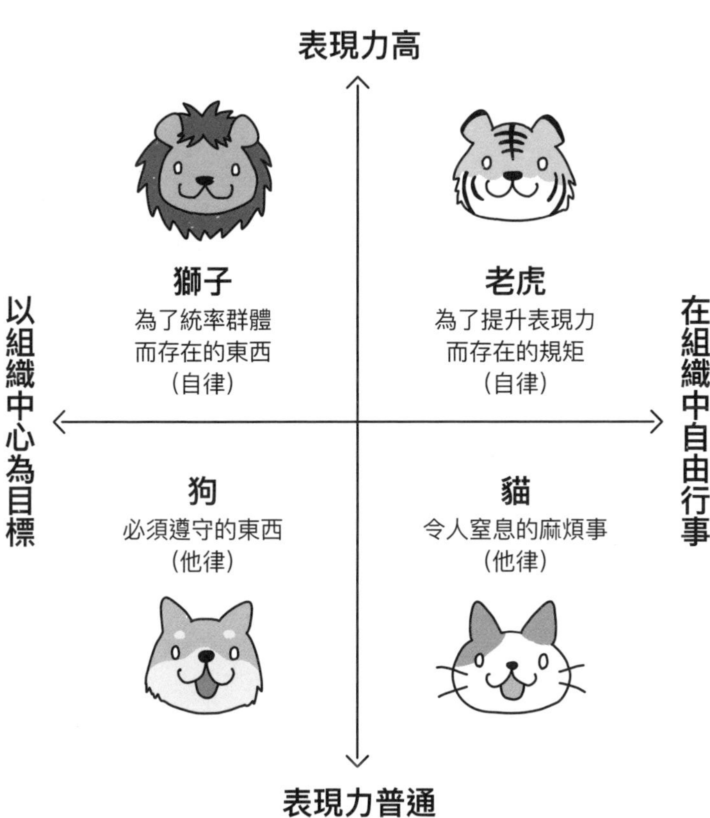
表現力高
獅子
為了統率群體
而存在的東西
(自律)
老虎
為了提升表現力
而存在的規矩
(自律)
以組織中心為目標
在組織中自由行事
狗
必須遵守的東西
(他律)
貓
令人窒息的麻煩事
(他律)
表現力普通

什麼而決定的？」」。要是能弄清楚「如果是為了這種目的，不一定要遵守這項規定」的話，那麼根據當下的情況，說不定規則也可以被打破的。

這就是推薦給貓與老虎的「與規則打交道的方法」。

四種類型的角色觀

接下來要介紹的是「角色觀」。這裡說的角色，就是「職責」的意思。接著就讓我們來看看，這四種動物類型是怎麼看待自己在組織中扮演的角色吧。

對率領組織前進的獅子來說，角色就是自己身為領導者所擔任的職務。他們有「經理」、「總經理」或「〇〇長」這類管理者職稱的頭銜，是名符其實的「領導者」。

狗則會仰望著獅子，拚命為了再往上多爬一階而努力。他們會想做一些與自己被賦予的頭銜相稱的工作。就結果來說，他們傾向根據不同立場說不同話。例如，他們待在業務部時，明明曾說過「B比A重要」，但等到被調往管理部時，又會改口稱「A比B重要」。

而貓原本就對頭銜不感興趣。他們不擅長面對那種會一邊暗示自己可望升職、一邊以此進行協商的上司。要是遇到這種狀況，他們會無視對方所說的話，直接表達「我不需要」。

即使貓從業務部被調到管理部，他們認為「重要的是對客戶是否有益」的準則也不會改變。因此，他們也不會輕易更改原來所說的話。當然，隨著部門轉調，由於所見所聞與經驗值的增長，想法可能會跟著更新，言行也可能會跟著轉變。但不管怎麼說，比起「忠於組織」，他們還是更注重「忠於自我」。

雖然因為老虎的表現力高，所以很多人的頭銜會是「〇〇長」，不過當然也有頭銜普通的情況。另外，也有一些「專門為那個人打造頭銜」的事例。

但不管怎麼說，光看老虎的頭銜，還是無法想像其從事工作的具體範圍，所以他們有著「自我介紹很難懂」的共同點。即使遞出名片，進行兩到三分鐘的自我介紹，也沒辦法好好傳達自己的工作內容是什麼，有不少人表示自己很不擅長自我介紹。

老虎和狗不一樣，他們不會想著「好想要升遷」、「希望能站上那個位置」。

對角色（職責）的想法

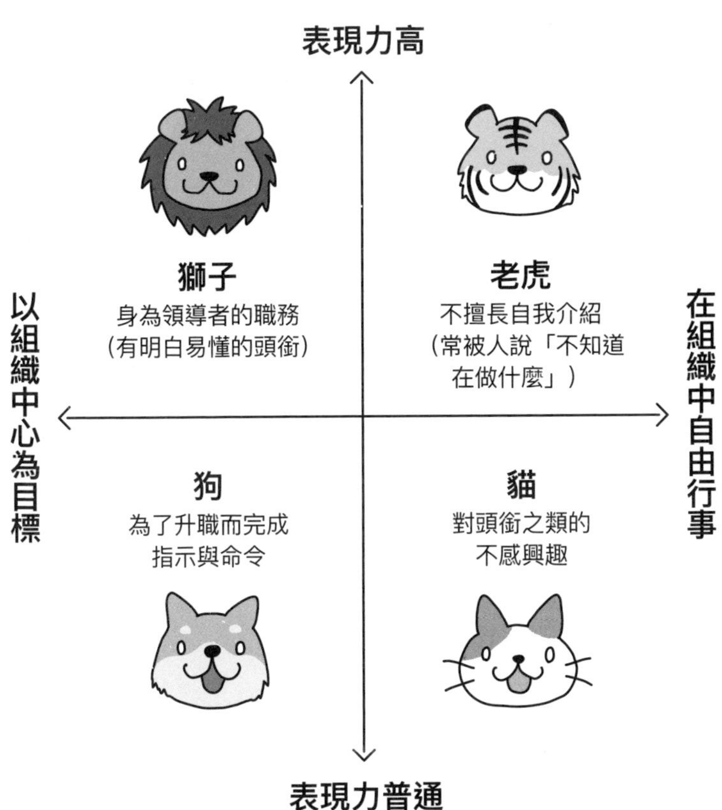
表現力高
獅子
身為領導者的職務
(有明白易懂的頭銜)
老虎
不擅長自我介紹
(常被人說「不知道
在做什麼」)
以組織中心為目標
在組織中自由行事
狗
為了升職而完成
指示與命令
貓
對頭銜之類的
不感興趣
表現力普通

即便沒有頭銜，他們也會先展開行動，因為他們認為「如果現在要做的事情，是以當下的立場就可以做到的事情，那直接去做不就好了」。

不如說，老虎反而經常是在事後才被賦予頭銜。他們給人的印象，多半是在公司成立「新事業開發部」之前，就早已著手展開新的行動，並在等到新部門成立時，才接收到轉調職位的公告。

不過，比起對頭銜沒興趣的貓，老虎要是認為「如果要實現想做的事，升遷是必要的途徑」，那麼他們也會為了站上那個位置而展開行動。但說到底，「站上那個位置」也只不過是種手段，他們的目的並非「得到那個位階」。

「想要得到位階」的是狗，而「想要這麼做」的則是老虎。

四種類型的軌道觀

接下來要談的，是四種類型的「軌道觀」。這裡所說的軌道，指的是在組織中的職涯道路。

獅子是會選擇正統職涯道路前進的那一類人。他們會在公司的主流部門、也就是明星崗位上活躍表現，並在升官的賽道上持續進階取勝。不僅如此，他們也可能是鋪設軌道的人。

就像在獅子身後追尋其背影一樣，狗會在鋪設好的軌道上奔跑。到達軌道的分岔點時，他們會選擇走向在社會上擁有較高評價的那一端。因為他們認為「要是脫離軌道的話，比賽就結束了」，所以一旦快要摔出軌道時，他們會拚命緊抓著不放手。

狗會一邊執行組織交付的指示命令，一邊夢想著總有一天要站上獅子的位置。只是，這條晉升道路似乎正在發生異於以往的變化。一位任職於某大企業的人是這麼說的：

「以前，只要加入重要人物的派系之中，去做那些他們吩咐的事情，無論能力如何，位階都會持續往上晉升……。但現在，因為事業版圖縮小的關係，這些位階本身也就跟著減少了。」

不同於以往，對派系這類「群體」的貢獻，如今已經無法成為評價的依據了。或許，現在已經進入了，「只要忍過這一時就好」這種自我犧牲的工作方式不會再得到回報的時代了吧。想像一下，大概就是「軌道的前端壅塞不通」，或者「軌道在不知不覺間斷裂」的畫面吧。

換個角度來看，說不定那些從來沒有經歷過「從軌道上摔落出去」的優秀人士，反而從此之後也會更加害怕脫離原本的軌道也不一定。

而當狗依循著軌道努力前進時，貓則會一邊對此冷眼旁觀，想著「軌道這種東西真是一點樂趣也沒有」、「就算脫離軌道也不會死」，並一邊按照自我步調來行

對軌道的想法

表現力高

獅子

這就是正統之道

老虎

要是有汽車的話，
就能快速、自由地到達
沒有軌道的地方哦！

在組織中自由行事

狗

脫離軌道就沒戲唱了，
所以要緊緊遵循軌道走。

貓

對軌道之類的不感興
趣，而且察覺到就算
脫離軌道也死不了。

表現力普通

走。由於他們在至今為止的人生中有過脫離軌道的經驗，或者曾經選擇離開原本行駛的那條軌道，所以會發覺到「根本沒有必要緊緊抓住軌道不放」。

至於老虎，則會一臉愉快地說著：「從軌道上下來的話，就可以看到一般道路。如果有汽車的話，就算是軌道到不了的地方，也能夠快速、自由地到達哦！」或者表示：「只要不再執著於軌道上，就可以去搭飛機和船了哦！」

四種類型的失敗觀

最後要討論的，是四種類型對「失敗」的不同觀點。在「Rule」（規則）、「Role」（角色）、「Rail」（軌道）之後，接著依英文的「Fail」（失敗）來表示的話，除了有押韻之外，也比較有一體感。但我想像了一下自己說出「Fail觀」的模樣，就忍不住覺得哪裡怪怪的。所以，我會將其稱為「失敗觀」。

對狗來說，他們想竭盡全力避免「失敗」。他們的心願是忠於組織行事，因此要是失敗的話，就無法回應組織的期待了。而且，由於他們工作的動機是「希望被

編按：日文原書中，「規則觀」等前三項皆以日文中常見的片假名外來語的形式來呈現，作者在此說明的是最後的「失敗觀」為何使用日文漢字。

上司褒揚」、「不想被別人責怪」，又非常害怕從軌道當中脫離出來，所以無論如何都想極力避免失敗。

為此，如果他們待在會對失敗做出負面評價的組織或上司底下工作，就會希望至少能得到「具體的指示」。這是因為，如果按照被交代的指示來辦事的話，就算事情進展得不順利，他們也比較好開口推託：「給予指示的人要承擔責任。」

即便接收到的指示是「自己思考該怎麼做」，他們也會在自己思考過方案之後，再度向對方確認：「這樣做沒問題嗎？」試圖獲得他人的認可。之所以如此，是因為如果這樣做還是進行得不順利的話，他們也比較容易拿「當初是你自己說這樣的做法沒問題的吧？」當理由，認為責任在於認可這件事的人身上。

至於獅子，他們不會情緒化地亂發脾氣。其理由是，就算因失敗而發火，也只會讓人感到害怕而已，並不會帶來什麼好處。他們會表明：「責任由我來扛，你就照你喜歡的方式去做吧。」基本上，如果是在經歷過挑戰後才失敗的話，那麼他們就能諒解這場失敗。為了不在同樣的失敗上重蹈覆轍，他們會好好地進行指導、講解失敗的理由。只有在對方態度不佳的時候，他們才會採取堅決的態度，嚴正斥責對方。

對失敗的想法

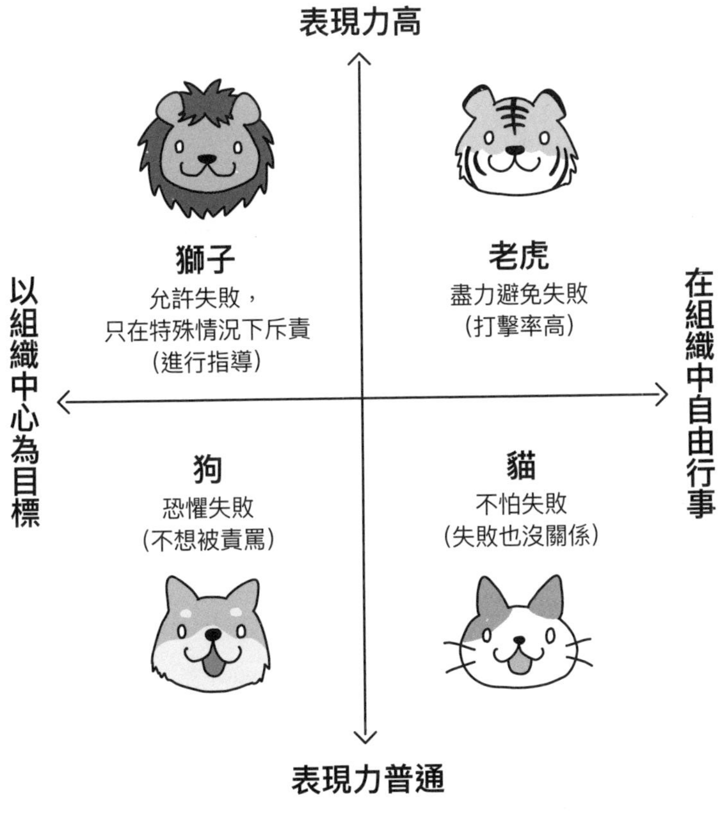

表現力高

以組織中心為目標

在組織中自由行事

獅子
允許失敗，
只在特殊情況下斥責
(進行指導)

老虎
盡力避免失敗
(打擊率高)

狗
恐懼失敗
(不想被責罵)

貓
不怕失敗
(失敗也沒關係)

表現力普通

而貓並不像狗那樣害怕失敗。他們認為：「雖說是失敗，但只要堅持到事態好轉的話，就稱得上成功吧。」

因為有這樣的差異，所以想要協助狗進行挑戰時，如果對狗說：「就算失敗也沒關係哦！」這種喊話是有效的。反之，由於貓原本就不害怕失敗，所以說同樣的話會造成反效果；如果能對貓表示「仔細想想看如何才能避免失敗」，則更容易成功。

在這一點上，雖然不怕失敗，但是會極力設法避免失敗的，就是老虎。如果都已經能自由行事了，結果打擊率還很低的話，那就真的會變成只是在玩玩而已，所以他們會在徹底考慮如何順利完成任務的同時，也一邊展開行動。

雖說如此，他們並不認為取得短視近利的成果能稱得上成功。因此，他們也會前往四處、遊走各地，和客戶閒聊一些和工作無關的話題，或者與一些在工作上毫無關連的人見面。如果把這個「尚未成功的過程」稱為「失敗」的話，他們便會想著：「不不不，這可是『寶貴的徒勞』呢！」

從這種「徒勞」之中，可能會萌生意想不到的發展，也可能會讓那些平時無法想像的企畫進展得更順利。

四種類型的實際人數狀況

基於以上所述，我開始觀察「工作方式的四種動物類型」有什麼樣的差異。

雖然前面都是以矩陣來區分這四種動物類型，但考慮到實際人數後，我便想到或許更適合以三角形來呈現。這四種類型的人數似乎不太可能完全均等。照理來說，狗會是多數派，而被視為領導者的獅子、老虎則會是少數派。

另外，根據「狗景仰獅子、貓憧憬老虎」的構圖來安排，我試著將圖示更新為以下樣式。

雖然各類別的面積大小都是粗略的印象，不過左側的狗和獅子是多數派，而右側的貓和老虎則是少數派。原因是，有很長一段時期，各類事業是憑藉左側的行事作風而得以順利發展。

在日本高度經濟成長期，工廠會大量生產均一製品，並透過維持、提升品質的整體結構來實現持續成長。當時，獅子率領著狗擴大工作事業，使大家的生活過得更加健全豐足。當事業開始成長時，組織中的氛圍便會變得明朗，員工也常受到褒揚，於是很容易形成不害怕失敗的風氣。因此，當時的狗型人肯定也能活得比現在更加輕鬆吧。

雖然在那個時候，應該也存在著貓型人，但是大家一起以狗的方式工作的話，效率會比較高，所以或許從那個時候開始，就有很多貓型人是「披著狗皮」在工作的吧。換句話說，他們就是「隱藏的貓」。

長時間持續在這種狀態下，「所謂在組織中工作，就是要以狗型人的作風來行事」的觀念，逐漸變成一種常識。由於進入公司之後，身邊的人全都是以狗的方式在工作，使得貓型人連自己是「隱藏的貓」的自覺都沒有，所以只能一邊想著「工作就是這個樣子」，一邊繼續以狗的方式工作。

在那之後不久，當經濟開始負成長時，問題就隨之浮現了。就算以同樣的方式工作也無法取得成果、得到稱讚的情形減少、受到責備的狀況增多……因此對狗來說，心裡也會感到越來越不舒坦。

四種類型的實際人數狀況

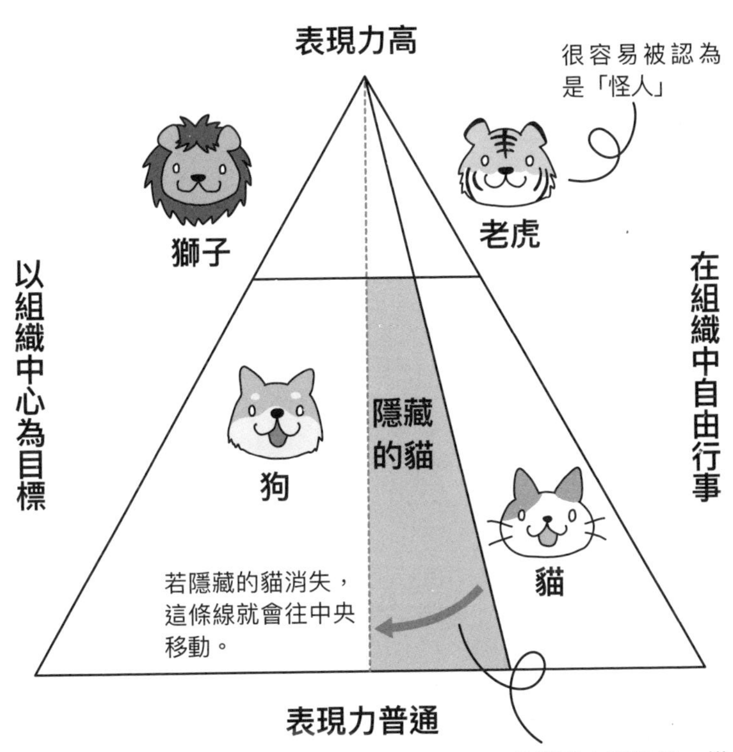

若貓型人要像狗一樣工作的話，可能會感到非常痛苦。因此，先以成為「組織中的貓」為目標吧。

至於那些「隱藏的貓」，更感到無比的疲憊。他們本來就已經勉強自己像狗一樣行事了，卻還是無法獲得回報。因此，就算他們產生「實在搞不懂跟我說那些話到底是什麼意思」，或者「我已經不想再去公司那種地方了」的念頭，也不是什麼奇怪的事。

接著來到現在。時代正在發生巨大的變化，高度經濟成長期的成功模式早就已經過時了。獅子和狗既有的表現逐漸衰退，社會也開始追求創造新的多樣價值，其結果就是相對增加了老虎和貓的存在感。

過往一直生活在「狗窩」裡的那群「隱藏的貓」，開始意識到「好像哪裡怪怪的」。然而，如果在狗窩裡以貓的方式行動，又好像會跟「醜小鴨」一樣被當成怪人對待，實在令人擔憂。

不過，當他們環顧四周時，就會發現過去被當作是「怪異人士」的虎型員工，正興高采烈、生龍活虎地活躍於職場中。終於，現在已經迎來「隱藏的貓」從「組織中的狗」脫離出來的時刻了。在此，我想藉由這本書大聲地說句話。

那就是：

「作為組織中的貓不也很好嗎？」

「組織中的貓」程度檢查表

既然如此，我想大家應該會開始好奇自己究竟是狗派還是貓派吧。

為此，我試著製作了一張「組織中的貓程度檢查表」。

請在符合條件的項目上，標註「○」記號。

你畫了幾個○呢？

符合以上所有項目的人，恭喜你！你在職場上，肯定已經被當成一位怪人來對待了吧（笑）。請你就照現在這樣，繼續走在貓派的道路上。

符合項目不怎麼多的人，恭喜你！只要符合以上十項敘述中的任何一項，你就是那種「如果往後要一直以同樣的方式來工作，便會對健康造成不良影響」的類型。我認為，只要多出「原來世界上還有像貓一樣的工作方式啊」這一選項，就能

【組織中的貓程度檢查表】

【　】① 對於「工作是艱苦的勞動，薪水則是忍耐費」這樣的想法感到不太舒坦。

【　】② 不想做無法讓客戶感到高興（沒有為對方提供有意義的價值）的工作。

【　】③ 就算是指令範圍外的事（與KPI*沒有直接關係的工作），也會因為認為這麼做比較好而去做。

【　】④ 曾經泰然自若地忽視那些違反自己信念的工作指示。

【　】⑤ 對於頭銜、或者為了出人頭地而競爭取勝之類的事情不感興趣。

【　】⑥ 無法接受一直被要求去做那些既不適合自己、也不一定要由自己來做的工作。

【　】⑦ 看見公司內其他員工達到職涯道路頂峰的姿態時，不感到興奮。

【　】⑧ 比起不要失敗，更重視「就算會挨罵也要去挑戰」。

【　】⑨ 不擅長被編入群體中做事。

【　】⑩ 討厭別人對自己施加從眾壓力，也討厭自己對別人施加從眾壓力。

*Key Performance Indicator：關鍵績效指標

為心理健康帶來良好效益。

上述項目一個都不符合的人，請你就照現在這樣，繼續走在狗派的道路上。如果你能為了理解「貓型人的生態」而參考閱讀本書的話，那也是我的榮幸。

順帶一提，這十個項目當中，最值得注意的是「⑩討厭別人對自己施加從眾壓力，也討厭自己對別人施加從眾壓力」這一點。我想，無論是狗派還是貓派，應該都不會喜歡別人對自己施加從眾壓力；然而，當自己轉換到上司的立場時，會感覺到「利用從眾壓力讓別人行動是件很不舒服的事」的，正是貓型人。

反之，明明曾經抱怨過「那個上司總是對我施加從眾壓力啊」，但等到自己成為上司時，卻不會對「自己向別人施加從眾壓力」這件事感到哪裡不對勁的人，就極可能是帶有「重視組織」這一價值觀的狗型人。

這裡還是要再一次強調，無論狗或貓，只是類型不同而已，並非代表哪一方比較優越。

不過，由於現在已經迎來新的時代，以往不太會得到評價、也不太容易活躍於職場中的貓和老虎，今後能過得更加快活了。因此，本書所期望的，就是能增加工作方式的選項。

先前，我以三角形圖示來區分四種動物類型時，用虛線繪製了一條中心線。之所以這麼做，是因為想表現出「如果隱藏的貓顯露出本性的話，那麼狗和貓的平衡是否就會變成各占一半了呢？」這一預測情形。

今後，如果「組織中的貓」逐漸增加，那麼相當於其進化版本的「組織中的老虎」工作方式，也將會比以往更加受到矚目。

其中肯定又會存在與獅子不同的「領導能力類型」。

那麼，這又是什麼樣的類型呢？接下來，讓我們來看看老虎實際的工作方式吧。

在組織中 出色地自由行事

23種虎型人的工作方式

做著憑頭銜無法想像的事

某天，藤野先生聯絡我說：「我發現沖繩有很厲害的虎型人哦！下次介紹給你認識。」他所說的，正是擔任銀行員的伊禮先生。

伊禮先生負責與廣告相關的工作，甚至還製作了沖繩縣內銀行的第一支電視廣告。伊禮先生負責製作的，正是那支有琉球銀行的機器人角色「琉銀」登場的原創動畫，並被評價為「是一部不會想到竟是銀行廣告的衝擊之作」。

另外，伊禮先生從銀行行長那裡接到「為了提升公司內部的工作幹勁，希望你也能以行員為對象製作專屬影片」的委託後，親自製作了一部作品，除了也公開讓顧客觀看之外，更榮獲了ACC（全日本電視廣告放送聯盟）的青銅獎。伊禮先生表示，他從企畫到製作方向都是自學，也不透過廣告代理商，而是一邊與創作者進行所有討論，一邊展開製作。除此之外，甚至還著手以下工作……

「因為行長說要消除公司內部的資訊差距，所以我們為包含幹部到兼職人員在內共兩千名員工配給iPhone，並採用Facebook推出的組織內部社群協作工具『Workplace』。這是首次出現在銀行業界的做法。另外，行長有時也會進行線上直播，員工也能自由地組建同好會等等。」

不僅如此，「我們在三年前還開設了銀行的粉絲網站，從北海道到沖繩共有四萬名會員。要為銀行的萌系吉祥物命名時，也是透過粉絲網站舉辦的問卷調查結果來決定的。」

編按：https://www.youtube.com/watch?v=pzZRc1dTcXQ

編按：https://www.youtube.com/watch?v=_Zm5Ohh59Tk

我忍不住喃喃自語起來：「等等，從各方面來說，這樣的範圍也太曖昧不明了吧……。」接著，伊禮先生是這麼跟我說的：

「或許這些都不是在廣告相關的職務範圍內必須做的事，但如果有些事情是我認為應該做、卻沒有人做的話，我就會自己去做。因為我覺得，工作不是本來就是這麼一回事嗎？這感覺大概就像是，以廣闊的視野思考自己公司的品牌管理目的（Branding），並從中發現新的工作吧。所以我也沒辦法簡單說明自己到底是在做些什麼啊。」

虎型人工作方式

由於從事著無法透過頭銜來想像內容的工作，所以也很難光憑簡單的自我介紹就說明自己究竟在做些什麼。

兩秒內馬上回覆，打擊率達到七成

伊禮先生用Facebook Messenger回覆訊息的速度非常迅速。才剛打開訊息，兩秒內就能馬上回覆。

順帶一提，當初我向伊禮先生發出對談邀請時，也是馬上就收到「雖然我沒有看過內容，但是ＯＫ！我很樂意！」的回覆。不過，沒有讀內容就說ＯＫ嗎……。

「因為實際見面時就已經建立了信賴關係，所以即使不問具體內容也能夠馬上接受。我希望能重視速度感。

當初在決定公司內部要使用的社群協作工具時，其實也曾決定過要用別的工具。但是因為碰巧與Facebook公司建立聯繫，並在與新加坡的負責人通過電話之後，確信『就是這個了！』，便趁勢與行長商量，請行長做決定，接著就直接回覆對方，先給出非正式承諾。對方也感到非常驚訝，跟我們說：『三十分鐘就做好決定，這速度簡直是世界第一快！』」

我非常好奇，伊禮先生總是像這樣以速度感來推動各項事物，那麼企畫的成功率又是如何呢？

「因為我在執行的都是一些超乎常理的企畫，幾乎是不許失敗的。當中有七成以上，都是沒取得成功就不會被認可的企畫。正因如此，我的目標就是找到能確實命中標的的方法。以棒球的打擊率來說，就是要有鈴木一朗選手的兩倍打擊率才行，所以非常不容易。」

七成打擊率！

因為害怕失敗會造成評價下降，所以經常會避開挑戰的，就是狗。

不害怕失敗，試著挑戰之後會經歷一些失敗的，就是貓。

不害怕失敗，但為了避免失敗，會在深思熟慮之後才開始行動的，就是老虎。

會建立起即使多少經歷過失敗但也不衰弱的組織的，就是獅子。

如果套用在「組織的四種動物類型」中，大概就是這樣的感覺吧。

我向伊禮先生詢問「不失敗的訣竅」後，他是這麼說的：

「我經常與客戶接觸，也從外部交流中學到很多東西，所以具有一定程度的自信。因此我認為，只要堂堂正正去做就行了。不過，當然也會經歷一些失敗，這時候我會據實以報，因為信賴關係是非常重要的。」

為了兼顧速度感與高打擊率，每天都在磨練自己的本事。

為了使人露出笑容而創造驚喜

我開始好奇伊禮先生是以什麼樣的信念而展開這樣的工作方式，便詢問他小時候是個什麼樣的孩子。

「我還在念小學時，有次自己一本正經講出來的話卻在班上引發大爆笑，因為這個契機，讓我發現自己非常喜歡『使人綻放笑容』這件事，所以長大後也一直都在考慮如何使人發笑。人在露出笑容的瞬間，肯定是因為產生了某種『驚喜』的情緒。所以，我認為我的工作就是去創造那些能使人展露笑容的驚喜。」

在產生「讓人露出笑容」、「使人感到驚喜」等動機之後，又是為什麼會出現「到銀行工作」的念頭呢？

「銀行是一個非常容易製造反差的職業哦。說到『銀行員』的話，大家腦中浮現的應該都是『很死板』、『不有趣』等既定印象吧。正是因為如此，只要稍微做些意想不到的事情，就能讓人感到驚訝、使人覺得有趣。」

這就是充分掌握對方的期望值，並創造能超越這個期望值的一種「意外驚喜」，對吧。

「我認為，『讓人感到驚喜並露出笑容』這件事，跟『吸引、培養粉絲』之間是有關聯性的。其實，當初我們銀行的粉絲網站在推出萌系吉祥物時，也因為一開始的吉祥物設計讓大家感到不滿，而在網路上燒起論戰。

在那之後，我們發出宣言，說要『借助粉絲的力量，讓角色變得更可愛』，並任用能作畫的繪者，以公司內部自行製作的方式來打造吉祥物形象。結果，公布新的吉祥物設計後，獲得『怎麼有辦法在半年內就做出這些改變？』等大力稱讚，甚至還被登載在國外的情報網站上。」

原來如此。我終於開始明白，為什麼明明只是一家地方銀行，但在粉絲網站上卻擁有來自全國各地的四萬名會員了。這是因為他們能與大家共享製作流程，並透過給予驚喜來創造出事物的吸引力。

話雖如此，「銀行的萌系吉祥物先是在粉絲網站上引發網路論戰，然後又受到讚不絕口的褒揚」之類的事，還真是前所未見呢。

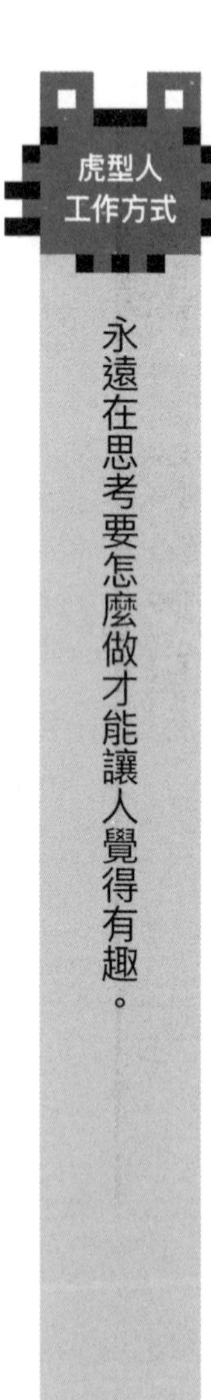

刻意採取低效率、非常規的做法

某天，藤野先生告訴我：「這裡聚集了一群很有趣的人哦，你要不要過來一下？」於是我便接受藤野先生的邀請，前去參加活動。在那裡，我認識了那場活動的主辦者，也就是任職於大型智庫機構的齊藤先生。

齊藤先生立下了這個目標：希望發掘一百名「革新者」，他們能透過完全不同以往的切入點來創造新事業，在解決日本社會課題的同時也能持續展開挑戰；並且，將這些發現其網絡化。為此，齊藤先生竟然花費三年以上的時間，親自拜會每一位革新者，實現了這個目標。

要和全國各地的一百個人見面，一定非常辛苦吧。為什麼會選擇這樣的做法呢？該不會，是平常空閒時間太多了吧？我向齊藤先生提出心中的疑問。

「因為我不希望與各位革新者僅只是見過一次面而已，而是希望能與他們建立如商場上朋友般的關係。這真的是非常樸實又笨拙的做法。雖然我已經以一名智庫研究員和顧問的身分工作了很長一段時間，但是我也對於『分析社會課題後，以高高在上的態度向他人提出相應的政策與戰略』這樣的做法產生疑問。

所以這次，為了展開本質上的對話，我開始拜訪各個工作現場，如果覺得哪些部分很有趣，我會對其進行深度採訪。我這次講究的關鍵，就是徹底實行這樣的做法。」

也就是說，齊藤先生對於過去被認為是常識的做法，開始感到有哪裡不太對勁了吧。

「不僅如此，我還決定要親自前去與這一百位革新者見面。因為我認為，有必要由某一個人來俯瞰全體。如果分擔行事的話，效率說不定會比較高，但這樣就沒有一個能清楚所有狀況的角色了。這麼一來，不僅無法做出撼動人心的分析，也沒辦法建立網絡組織。」

實際上，出席齊藤先生主辦活動的各界人士都懷有滿腔熱忱。「Snow Peak」🐾的經營者山井太先生，也以革新者的身分參與了這場活動。像這樣，以山井太先生為首，建立起了參與者盡是老虎與貓的創業社群。

虎型人工作方式

藉由「一個人從事所有工作」，掌握全體和現場的狀況。

🐾**譯註：**為日本知名戶外用品公司，官方中文名稱為「雪諾必克」。

工作不是堆疊累積，而是減少堆積

雖然大多數的人都很重視那些「至今透過工作累積而來的經驗」，但也有人並不抱持著這樣的想法。齊藤先生曾跟我談過這麼一段話：

「你聽過歌手竹原和生的〈Old Rookie〉（老菜鳥）嗎？這首歌的歌詞非常有虎型人的感覺哦！」

是什麼樣的歌詞呢？

「就算『憑』積攢下來的事物來決勝負也贏不了，如果不『與』積攢下來的事物決勝負就無法取勝。就是像這樣的歌詞。我認為，這往往是活到一定歲數的人會產生的想法，也是對『依靠自己過往實績』的這種生活方式的反駁，會被歌詞中傳達出的『這樣子是無法在社會上取勝的』這一訊息猛然擊中。」

哦哦哦！這跟我很喜歡的岡本太郎🐾🐾說過的話很像呢。岡本太郎是這麼說的：「大家似乎都認為人生是堆疊累積而成的呢。但相反的，我認為人生是由減少堆積構成的。」

「我認為，組織中的老虎就具有這種『老菜鳥』的特性。雖然已經活到一定的歲數，也具有與之相當的經驗值，但他們還是會下定決心開始挑戰新事物。在這段過程中，當然也可能會發生各式各樣的狀況，比方說經歷失敗，或者遭受斥責、被無視、被嗤之以鼻地對待，但他們絕對不會在社群平台上咆哮（笑）。這就是他們

🐾 **譯註**：原文為「竹原ピストル〈オールドルーキー〉」。

🐾🐾 **譯註**：日本知名前衛藝術家（一九一一～一九九六），代表作品之一為一九七〇年「日本萬國博覽會」的太陽之塔。

與『幼菜鳥』的不同之處。」

也就是說，他們即使在公司內部得不到評價，或者得不到幫助，也不會半夜在社群平台上發布一些「你們這些人根本就不懂啦！」之類的貼文對吧。

「在『靠體力說話』的運動世界中，幼菜鳥一定占有絕對的優勢吧。但我認為，在商業的世界裡，最有意思的應該會是老菜鳥吧。具有經驗值的人，如果能以菜鳥的心態來展開工作的話，想必會成為非常具有存在感的人吧。」

虎型人工作方式

從經驗中學習的同時，拋開過往的成功體驗。

將腦海中浮現的景象轉變為現實

「就算說要在組織中自由行事，但如果是公務員的話根本就做不到吧？」內心這樣想著的各位讀者，讓你們久等了。接下來，我將向大家介紹在縣政府工作的虎型公務員（虎務員），都竹先生。

由於都竹先生和我各自任職的單位（岐阜縣政府與樂天）有過共同合作，也讓我擁有能與都竹先生一起共事的機會。接下來，就請各位聽聽我們那次合作的經過，以及都竹先生的自我介紹吧。

「進入縣政府之後，我負責過稅金事務，也曾到海外赴任，另外還擔任過知事的秘書。從開始負責政策規畫起，我就覺得『自己的職涯再這樣下去是不行的』。

不只是協調縣政府內部事務，我還想要更頻繁地接觸縣民的生活，以及那些與中小企業真實狀況相關的工作現場，希望能從事與人攜手合作的工作。在我的心中，這樣的想法一天一天變得強烈。

有一天，宣傳部門的人過來找我，跟我說『樂天的人打電話來，跟我們商量要不要舉辦開店的研討會』。一聽到這件事的瞬間，我就直覺認為『這絕對是很有趣的政策』。

於是，我馬上就請樂天的員工過來。看過資料後，發現上面寫著『埼玉縣、宮城縣已經和樂天簽訂合作協定』，我當下覺得『就是這個了！』，腦中並浮現這樣的畫面：在推特上發布樂天的三木谷社長與我們的縣知事握手的照片，並在貼文上呈現出『我們決定這麼做！』之類的文字。我心中燃起一股熱火，希望能落實我腦中浮現的景象。」

實際上，也真的在兩個半月後就完成合約簽訂了呢。

「樂天的員工驚訝地告訴我們：『沒有一個地方自治體像你們一樣進展得那麼

快。』當我們談到『簽約儀式要怎麼辦』時，得知三木谷社長因為事務繁忙，沒有辦法到岐阜縣來，於是我提議：『這樣的話，不如就讓我們的知事過去一趟吧。就算社長再怎麼忙，只要是在公司內部的話，應該也能抽出三十分鐘左右來簽約吧。』

由於我擔任過知事的秘書，很幸運地能確保知事待在東京的時間。因此，我馬上聯絡秘書部門，並請對方確保可簽約的日程，也親自去向知事說明狀況。知事聽聞後也爽快地回覆我：『沒問題哦！我可以去哦！』於是，我們的知事就親自到樂天總公司去簽約了。三木谷社長也感到有些過意不去地說著：『您真的親自過來了啊。』當天，我們也與記者打過招呼，請對方在現場待機。隔天，簽約的事也順利被登載在報紙上了。」

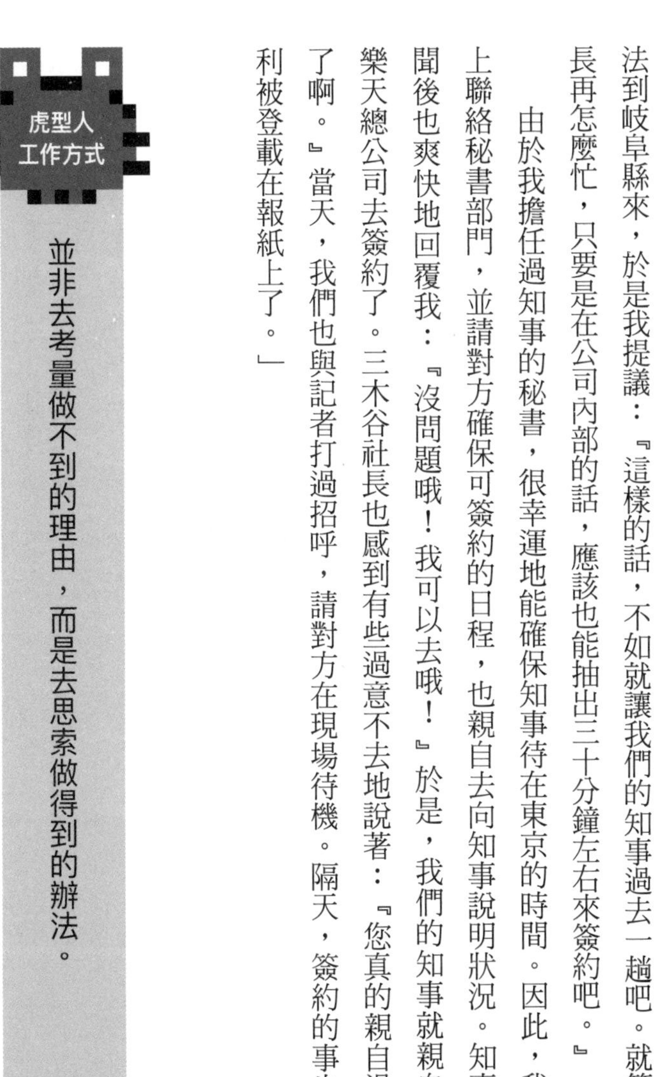

在工作現場描繪願景，從零預算開始做起

接著，讓我們來請教都竹先生，「描繪願景並將其實現」的訣竅吧。

「我認為，如果不了解工作現場的狀況，就沒辦法磨練出描繪願景的能力。要是只固守在辦公桌上，腦海中是絕對不會浮現出什麼畫面的。所以我覺得，多到外面去和不同立場的人交談、前去現場看看實際的狀況等，這些都是非常重要的經驗累積。此外，為了實現願景而下的工夫也很重要。」

雖然說到地方自治體的工作進行方式時，經常會給人一種必須制訂縝密計畫並編列預算的印象，但是都竹先生卻完全不一樣呢。

「與之相反，我是一邊推動進度，一邊將漸漸明白的東西塑造成形。以和樂天的合作案來說，因為是在年度中期決定的事情，所以我們原先並沒有為其編列的預算。但是試著在政府機關中搜尋各種預算後，發現還能找到不少經費。正確來說，是利用『挪用』和『再分配』這樣的機制。也就是說，當發現其他部門好像還有無法處置的經費時，便詢問對方：『這些經費能給我使用嗎？』且對方也回答：『如果你願意接手的話，我很樂意給你們使用。』是這樣的情況。

解決完金錢問題的同時，我也開始策畫樂天和網路商店的開店研討會。我只提出一項要求，就是希望能聽到實際有營業的店家跟我們說說關於開店的真實情況。

因為那時候聽到店家說的實情實在太有趣了，我忍不住覺得『就是這個了啦！這樣才對嘛！』。原來網路商店不僅是個販賣商品的渠道，它還是個為了販賣價值而努力奮鬥的集大成之作啊。對於這一點，我也開始能深刻理解了。我確信，這企畫果然能成為我們的一項政策。」

透過在現場觀察，肯定也得到些什麼啟發了吧。

「接著我們又展開更進一步的討論，並決定要舉辦全國首次以海外為對象的物產展。在那次的學習會中，我們舉辦了破冰活動，讓各店家在五分鐘左右的時間內相互交換名片。結果，會場的氣氛非常熱烈，完全結束不了交換名片的環節。於是，我的眼睛一亮，再度產生『就是這個了啦！這樣才對嘛！』的想法。我思索著：『原來如此，這些人所追求的是橫向的聯繫啊！』

接著，在一個月後便成立名為『岐阜網路商店達人俱樂部』的社群。要說為什麼能這麼快就達成這個目標的話，是因為做這件事完全不用花到一毛錢。如果使用縣政府的會議室，那場地費用就是零元。假如有什麼需要傳達的事務，也都是請岐阜市、町、村的商會來協助通知，所以才能以零元預算成立。」

虎型人工作方式

在現場觀察人群。一找到「令人感到歡樂的種子」，就立刻展開行動，同時將其塑造成形。

把「身為外行人」這件事轉化為優勢

有一次，一位平時很照顧我的網路商店經營者告訴我：「我認識一位很有趣的人，下次也介紹給你認識。」之後，我們一起去喝了酒，彼此感到意氣相投。這位就是任職大型不動產入口網站企業內智庫的萬丈先生。

萬丈先生在二〇一五年撰寫的報告，在業界內尤其受到矚目。其標題是《感官都市 以身體來體驗的都市：Sensuous．City．Ranking》。這是什麼樣的內容，而它又被製作成什麼樣子呢？

「定下『感官都市』這一主題時，正是東京為了迎接奧運，氣勢如虹地推動再開發的時期。那時候，四處各地都開始建設看起來十分相似的高層建築。於是，我心裡便想『這樣下去，街道會變得十分枯燥乏味呢』，並把這件事視為一項待解決的課題。

只是，這還是我第一次以都市作為主題，而非以住宅作為主題。在這方面，我完全就是個外行人。雖然我有先反覆讀過一些主要的都市論，但要一個外行人來為已經說盡的都市論增添色彩，也只是無濟於事。

我原本就是文組，也沒有工學知識。因此，我便決定往『現今的都市再開發缺乏情感』這一路線走。這是理性的工學系人絕對不會採用的發想，是屬於行銷學構思的切入點。」

萬丈先生打造的「感官指標」之調查項目，包含「到寺廟或神社參拜了」、「從平日的白天開始就在外頭喝酒」、「吃了以當地食材製成的料理」、「聽見孩子們在大街上玩耍的聲音了」等題目，非常有意思呢。

「這是一種『感覺測量』的挑戰，它無法以數值表示。『心情有多愉悅』的感覺，是很主觀且不具穩定性的，所以很難進行測量。即使今天說了『感覺很舒適』，明天也可能會在同一個地方感到『心情不愉悅』。

在此誕生的手法，就是『行為測量』。例如，對於『有沒有在路邊接吻過』這個問題，讓人以『是』或『否』來作出回答，像這樣測定『與情感相關的行為經驗』。由於這些經驗的有無，可以讓受試者在進行自我聲明的同時以客觀的事實數據來進行處理，所以也具有相當的穩定性。於是這樣的評價指標便被大眾接受，甚至還以此出版了新書。」

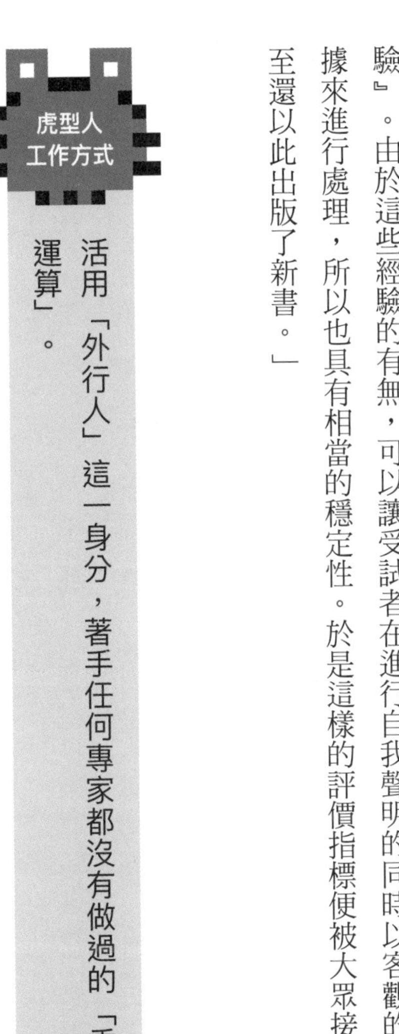

簽訂專業人才合約

據悉，萬丈先生任職於前一份工作時，也曾在企業內的智庫製作過類似的報告。我向他詢問了當時轉職的經過。

「原本上一份工作能讓我自由地寫報告，非常有意思。但是從某個時期開始，公司的方針就改變了。對我而言，生存的命脈就只靠著報告的評價了，如果變得只能發表那些無聊的報告，那我跟組織大概會走向兩敗俱傷的局面，所以我辭職了。

當我在社群平台上嘟囔著自己『現在沒有工作』後，我就收到這樣的邀約：『那麼，你要不要來我們公司呢？』這是從很久以前就會對我的報告給予評價的人所介紹的工作。」

萬丈先生並不是現在這間公司的正式職員，對吧？

「我特意請公司與我簽訂一年更新一次的合約。我認為這樣的方式非常好。我想，成長到這個已經累積了一定經驗的年齡，比起長期雇用，說不定簽訂三年合約，或者以像自由球員一樣的方式來工作，也會過得比較舒適吧。或許，公司與執行工作的個人能保持在對等的關係上，就是虎型人的生存條件吧。」

我懂。我也曾在工作上與職業足球俱樂部簽訂過專業人才合約。簡而言之，就是以個人企業主的身分與公司簽訂業務委託的合約，但光是使用「專業人才合約」這一說法，就會讓人想選擇這個做法。不僅如此，在心境上也會受到些許刺激。

「不錯呢。如果能把職業運動選手正在運用的制度引進到上班族的世界中，也是非常有趣的做法呢。以我的情況來說，是每年簽訂一次合約。當然，我們是以持續長期合作為前提進行簽約，但也因此會伴隨高度的緊張感，認為自己必須認真創造出良好的結果。」

老虎做著那些並非因為被吩咐而去做的工作，有時可能在公司內部也得不到任何評價，但相應的，如果在公司外部接觸到的人給予他們良好評價，也可能進而影響到公司內部的評價。

若上班族試著思考看看「假設自己的工作需要每年更新合約」這件事，那麼工作的方式說不定也會有所改變。

虎型人
工作方式

喜歡和公司保持對等關係，並簽訂專業人才合約。

在下北澤的俱樂部進行人才錄用面試

「她絕對是虎型人！」把我引進「虎型人世界」的藤野先生和坂崎小姐異口同聲地，向我這麼介紹東證一部上市企業🐾的董事——我堂小姐（成書時已卸任）。

我才在想，我堂小姐不是董事嗎？一定有非常輝煌的經歷吧？結果，她是實實在在經歷過艱苦磨練後，才獨當一面。據悉，她還是成為上市企業董事的女性中最年輕的一位。

「在我轉職進入公司之後，公司最先交代我的就是『去做有價證券報告書』。

🐾**譯註：**即在東京證券交易所的市場第一部上市的企業。在第一部上市的條件高於第二部，多為日本一流大企業。

由於之前的會計離職了，公司裡也沒有人做過這件事，總之，沒有簿記資格的我也只好先試著打電話給會計事務所，但他們說的話我一句也沒聽懂。因此，我只好詢問對方：『請告訴我這些寫在《會計監察六法》的第幾頁？』並以這樣的做法繼續進行下去。最後，總算也全部都製作完成了。

當初我是以『固定薪資＋獎金』的方式接受聘僱，但我突然發現，只要按月份和年度進行結算，之後無論我想做什麼，應該都沒問題吧？」

也就是說，只要做好該做的事，剩下的都是自由的時間了。那麼，結算需要花費多少時間呢？

「在會計業務中，最花時間的就是打聽營業狀況。如果我自己能掌握營業狀況的話，就可以縮短在五天內完成，我的任務也就能跟著結束。當時公司的主要業務是手機販賣員的人力派遣事業，因此我便火速前往手機銷售店面，試圖縮短工作時間。

首先，我試著和店長與店員搭話，跟他們建立好交情。接著，再與通訊公司及銷售代理店的負責人打好關係。甚至，我也開始能與經理級別的人說上一些話了。

之後，只要有酒局，他們就一定會招呼我過去。即使我是個完全不喝酒的人。在那期間，我開始明白什麼樣的人才和需求才會受到他人的渴望，也因此使我負責的人才事業開始變得順利，每月結算也真的能在五天之內就進行完成。」

據說，人才的錄用方式也發生了變化？

「雖然我也聽說人才派遣業界因為人手不足而面臨困境，但我們公司倒是沒什麼問題。我們到下北澤的俱樂部分發名片後，也從中錄用了幾位人才。」

我堂小姐突破了一般的常規做法，這類幾乎不像上市企業的管理幹部會做出的行動，在她身上可說是數不勝數。

虎型人工作方式

即使沒有經驗，也盡全力做到最好。而且在那段期間，創造出獨自的做事方法。

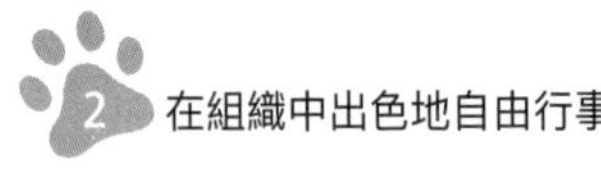

與人共享「為什麼」，創造彼此的對話

在瀏覽過暢銷書《最佳戰略教科書 孫子》（暫譯，日本經濟新聞出版）作者守屋淳的社群平台後，我發現一位很有趣的人物，他自行製作出一種能學習孫子兵法的遊戲。在那之後，我透過他人引介而聯繫上這位身為航空自衛官的伊藤先生。

伊藤先生讀過市面上約一千本所有與孫子相關的書籍，藏書約有八千本，是一位博聞強識的人。而他製作「孫子遊戲」的原委又是如何呢？

「在航空研究中心任職時，我開始產生一項問題意識，思考著要如何才能激勵肩負未來重任的年輕幹部，讓他們有動機一邊深入接觸古典，一邊學習戰略、作戰以及基本原則（即思考方式與行動的基礎）。

就在那個時候，航空自衛隊幹部學校的幾位年輕學生找上我，希望我能教導他們與地政學、戰略、作戰以及基本原則的相關知識，於是我接下這項委託，在課業外的時間處理這些事情。當時主要是透過講義和進行意見交換的方式授課，但我認為如果不讓學生實際親身體會，他們就無法加深理解。

因此我開始思考，如果以「對戰型遊戲」這種讓學生以像在玩耍般的方式來學習，他們是不是也會更容易感受到『在這裡卡關了』，或察覺到『不太理解這個部分』等問題呢。實際上，讓學生玩過遊戲之後，他們也真的吸收得非常快速。」

隨著實際體驗過後，學生也能理解「為什麼要這麼做」了呢。

「如果能理解『為什麼要這麼做』，那麼即使狀況有所改變，也能立即做出對應；只要能好好共享『為什麼』，那麼位在前線的人，就能思考作戰的方法。為此，很重要的一點就是『設計』。

我所定義的設計是，『在瞬間看清狀況，為此制定問題，並製作出解決問題的概要』。如果團隊的領導者和工作人員能共同設計的話，就可能引發讓新價值誕生的對話。我製作『孫子遊戲』的目的之一，就是希望組織中的全員都能夠提升對話的技巧，而不是試圖在議論上駁倒他人。」

也就是說，這並非想打造一個能遵從指示命令來行動的組織，而是為了要建立一個能夠靠自我思考來行動的組織呢。

順帶一提，玩「孫子遊戲」需要花費大量腦力，實在非常有趣。

虎型人工作方式

藉由體驗活動來促進覺察。建立能夠產生對話的組織。

徹底思考對方能得到什麼好處，並用自己的話語傳達給對方

我之前參加了一場以「與如夥伴般的同事們相聚飲酒吧」為主題的聚會，並在聚會上認識了任職於商業學校營運公司的渡邊小姐，她獨自一人主理了以商務領導者為對象的「ＧＩ高峰會」。

瀏覽渡邊小姐的社群平台時，可以看到在留言欄上留下評論的多位人士，都是名聲非常響亮的知名經營者。渡邊小姐在與他們打交道時，有特別意識到這件事嗎？

「我不太覺得自己是『刻意地建立人脈』。這些人當中，有九成都是透過他人介紹而認識的。比方說，活動的參加者會帶著他們認識的人一起來參與活動。

雖然這可能是理所當然該做的事，但是我會徹底思考對方能得到什麼好處。並

非單方面地直接要求對方『請來參加GI高峰會』，而是想辦法讓對方感受到他能從中獲得什麼價值與意義。因為諸位人士都是超級大忙人，如果無法從中找出價值的話，他們也不會願意前來參與活動。而且，所謂的價值也並非就是金錢對吧。

為了能好好向對方講述『由您來登台演講此主題的意義』，我會做好相應的準備。將對方的著書全部讀透是理所當然的。除此之外，我還會細細咀嚼從中接收到的訊息，直到我能用屬於自己的話語來闡述的程度，並將其反映在與對方的交流之中。

另外，雖然這麼做有點像在耍小聰明，但光是單純地迅速給予回覆，也是非常重要的事。比方說，如果23點45分收到郵件的話，就在兩分鐘後的23點47分回覆對方之類的。」

不，這完全不是在耍小聰明。身為虎型人的各位，大多都會立刻回覆訊息。

「如果是特別忙碌的對象，越快速、簡短地傳送訊息，得到回覆的機率也會越高。我並不是因為被上司告誡、基於必須得做的義務感才這麼做，而是因為想著我要賭上自己的存在感來做，所以才會在不知不覺中就變成這個樣子了吧。不過如果持續這麼做的話，搞不好就會在組織中變得格格不入，還可能會被別人認為『那個人不會做得太超過了嗎？』。」

我想，應該有很多虎型經營者都不喜歡那種「雖然很拘謹地與人寒暄，但看起來卻像是在執行不帶感情的事務性工作」的人吧。看到初次交流的對象在郵件上寫著「承蒙您的大力關照」的當下，他們很容易會因為覺得「我又沒關照過你」，而判斷「這個人做人並不真誠」。他們對這類「只注重形式」的態度，擁有非常敏銳的嗅覺。

虎型人工作方式

不刻意建立人脈。只要待人真誠，自然有獲人引介認識的機會。

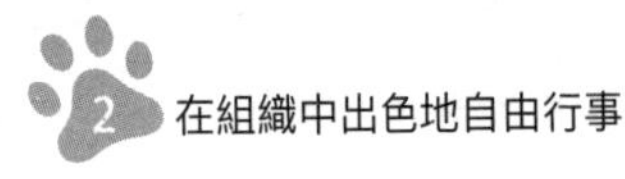

職務不是「攀登的山」，而是「流動的河」

我的一位朋友經營著「全體員工都從事複業的公司」，這位朋友邀請我去參加活動時，我透過引介而認識了名片上寫著「暫定CEO」這一奇妙職稱的流鄉小姐。

而且，當我問起流鄉小姐的公司在經營什麼事業，得到的回答是「使用蒼蠅的幼蟲來拯救世界糧食問題的最尖端技術」，我更加覺得真是充滿了不解的謎團。總而言之，我想知道這個令人在意的「暫定」頭銜，究竟是怎麼回事呢？

「我原本的專長是做宣傳，而任職的公司參與了蒼蠅事業相關公司的計畫。當身為執行董事的我，開始負責宣傳的實際業務後，公司的人突然在某一天告訴我：

『真希望能由妳來擔任CEO呢。』雖然我回覆對方：『你在說些什麼啊？』但仔細聽聞後，才知道公司是希望能在聚齊CEO（執行長）、COO（營運長）、CFO（財務長）等經營人才前的招募期間，讓我以『在公開場合露面的人』的身分，暫時接下這個職務。

我告訴公司：『就算是這樣，我也不是擔任CEO的料啊。』在一陣拉扯之下，突然不知道是誰像是靈光乍現一樣地喊著：『對了！就當暫定CEO啦！』隨著『史蒂夫．賈伯斯也有過擔任暫定CEO時期對吧？』之類的言論出現，我也就順勢成為了『暫定CEO』。這之中也存在著活用『女性活躍』的趨勢來當作形象戰略的背景。」

二十多歲的女性當上暫定CEO，還真是很有話題性呢。順帶一提，聽說流鄉小姐開始擔任宣傳職位的過程也非常奇特。

譯註：不特別區分本業與副業工作，而是同時擁有多個本業工作。

「我在第一間公司做的是業務，但我不擅長業務的程度簡直到了令人吃驚的地步。因為我是個傻子，所以就想著『如果能接受電視台採訪，或是登上報紙之類的，大家應該就會聽我說話了吧！』，於是我直接和社長交涉，提出了：『請讓我學習與宣傳相關的知識。』

我也因此掌握了宣傳的基礎知識。最初的新聞稿是刊登在《日經新聞》的大阪版上面，引起了很大的回響。從那時候開始，我便覺得這種『為了引起世人的關注而制定宣傳戰略的工作』變得越來越有趣了。」

職務不是「攀登的山」，而是如「流動的河」一般，那樣持續變遷的形象嗎？

「沒錯，就是這樣。我認為，我現在的任務就是『在最短時間內從暫定CEO的職務卸任』。在聚集能夠朝向全球發展的最強布陣之前，這就是我應盡的職責。」

（在那之後，流鄉小姐成為「非暫定CEO」，在達成自己的職責之後便卸任了！）

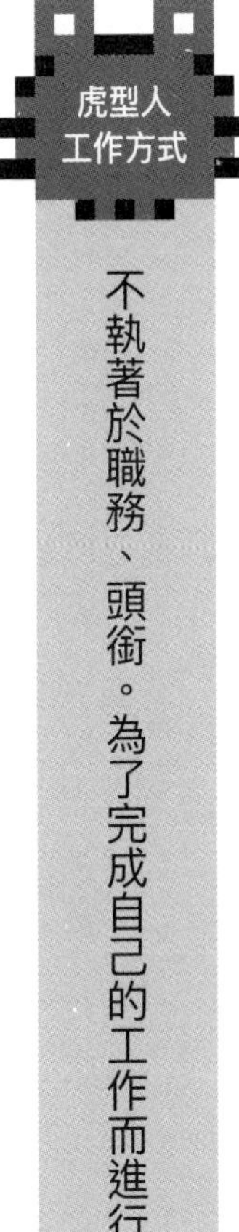
虎型人
工作方式
不執著於職務、頭銜。為了完成自己的工作而進行工作。

選擇工作的基準是「八十年後會有幫助嗎？」

流鄉小姐是一名養育著兩個孩子的媽媽，我向具有這身分的她問了一個問題。在各種專案紛至沓來的情況下，有沒有什麼選擇工作的基準呢？

「有的。選擇的基準就只是『我的孩子活到八十歲時，這項工作是否為一項有益處的事業』而已。因為我能消耗的能量和時間都是有限的，所以我只想選擇能讓孩子與孫子身處的世界變得更明亮的事業。」

有了孩子之後，的確會開始覺得八十年後的世界是與自己有關聯的呢。在那之前，往往會認為「自己在死之前是不是能夠做些什麼呢」。

「和世人相比，我是個在還滿年輕時就成為母親的人。以往有一段時期，我也曾煩惱過這會使我的職業生涯受到阻礙。但那或許是我的誤解，應該是『正因為有孩子我才能夠繼續努力下去』才對吧。現在我打從心底認為『當時選擇生下孩子真是太好了』，並對此懷抱深深的感謝。

我的能量泉源，就是我的孩子們。只是，在我拚命工作、想著『必須守護好孩子們！』的同時，卻讓孩子產生寂寞的感受，這也是不爭的事實。不過，正是因為如此，我才想讓他們看到我樂在工作中的姿態，希望能讓他們想著『好期待能夠長大成人』。如果不這麼做的話，對他們就太抱歉了呢。但要是過於埋首於工作，不知不覺就會承擔更多待解決的專案，以致忙得更不可開交，這也讓我感到相當苦惱呢。」

就我的情況而言，只要俯瞰工作發展之流的話，我認為開放地接受眼前機會的「擴張期」，和限縮工作量的「收束期」，是會交替到來的。

「說的也是啊。說不定會自然地限縮工作的數量，或者意外地使效率越來越高也不一定。如果是這樣的話就好了呢。」

我總覺得，如果不是按照他人決定的基準，而是持續按照自己的基準來做選擇的話，最終所有的事情都會朝好的方向發展，效率也會變得更高。而卸任CEO的流鄉小姐，在那之後則就任為某間公司的「CSO（Chief Sustainability Officer，永續長）」了！

虎型人工作方式

對孩子說：「哎呀～今天也好開心呢！好想快點再工作啊！」

「出島式」的工作

有次一位在《日本經濟新聞》工作的熟人告訴我：「我們來舉辦『以在公司內部自由工作為目的』的活動吧。已經決定好對談的對象了，你們絕對會合得來。」當時我遇見的，是任職於大型廣告公司的創作者，倉成先生。

我為了進行會議的事前商談而前往《日本經濟新聞》的大廳時，發現那裡布置得十分莊嚴，且人人身上都穿著深色的西裝。像我這樣背著後背包、手拿冰拿鐵的人，一個也不存在。

……正當我這麼想的時候，前方就出現一個背著後背包、手拿冰拿鐵的人。那個人就是倉成先生。於是，我們就把事前商談的工作拋到一旁，開始熱絡地閒聊起來。

倉成先生告訴我：「我從大約十年前，就開始任職於一個如『出島』般的部門了。」我問他：「這是數位行銷的簡稱嗎？」他回答：「不，我說的是長崎的出島。」

我驚訝地說：「真的嗎？我的書裡也有寫到『出島式的工作方法』呢！」由此契機開始，我向他打聽起更詳細的工作情況……

「當時我被叫到新的部門，上司在就職儀式時告訴我：『請不要做和至今為止相同的事情。』並且，我被分配到樓層角落的大房間，那一區只有這一間是可上鎖的。我嘴裡說著：『這裡真像出島啊。』同時又開始想著，我搞不好還真的可以從出島那裡偷些什麼點子來。

我實際前往出島後，發現那裡的街道整體都設計得十分出色，也因此獲得了非常豐沛的靈感。讓我特別感動的，是荷蘭商館的館長房。那裡的房間壁面上全貼滿了唐紙，榻榻米上放置著帶有頂棚的床架，上面還掛著印度的布料。鳥籠、顯微鏡、屏風……，房間裡擺放的所有物品，似乎都體現了當時的貿易路線，這個場所就如同是『和洋折衷』這種混合日本與西洋風格樣式的原點。」

這麼說來，由於出島有荷蘭商館入駐，作為「與海外接觸的窗口」，那裡也是一個有著形形色色的人事物混雜在一起的場所。像坂本龍馬這樣生意頭腦很好或者直覺敏銳的人，便會想著「這裡真有意思啊」，因而聚集在這樣的「邊界」，使得新事物也隨之誕生了呢。

「雖說我待的部門也有像出島一樣的部分，但我希望認為我們所做的工作是位於『正中間』的。我想，在廣告業界的全員，本來就都是『出島』般的存在。

我們必須由外部觀點來與客戶一起打造廣告宣傳。因為如果只是一動也不動地待在公司內部，是無法產出價值的。」

譯註：出島的日文為「デジマ」（de ji ma），和數位行銷（Digital Marketing）有幾個讀音相似。

編按：出島是日本江戶時代設於長崎港內的人工島，於一六三六年完工；實行鎖國政策期間，出島是日本唯一對西方開放之地。

在組織的「邊界」，和外部人士玩在一塊般的交際往來，從而創造出新的發想。

讓具有突出表現的「B面成員」相輔相成

倉成先生是「電通B團隊」的創立者。B團隊的意思是什麼呢？

「B團隊是橫貫公司內部型的創造性團隊。『B』有兩個意義，一個是『B面』的B。這裡聚集著許多除了在公司內部的工作領域外，也擁有其他突出表現、具有『B面容貌』的成員。例如，活躍於全世界的DJ和小說家，或者務農者，還有從大學時期就開始研究AI的人，以及美食部落客等等。

另一個意義，是提供像『計畫B』一樣的替代價值。」

如果能將團隊成員各自突出的特長或興趣相輔相成的話，就會形成在商業基礎的「計畫A」上不會出現的發想呢。真有趣。那你們又是如何召集團隊成員的呢？

「有兩種方式。一種是提名候選者，另一種是透過公司內部網路尋找。基本上，我們只會讓人格良好的人加入。如果是那種老是以自我為中心、自我主張太過強烈的類型，是無法入選的。畢竟這是一組團隊。

若要用一句話來形容實際召集進來的成員有什麼共同點，大概就是『能愉快度過小憩時間的人』了吧。總而言之，就是假如在閒聊中有誰突然提出什麼想法時，會對此應和：『所以你的意思是這樣對吧？』、『不覺得如果能做這樣的企畫會很有趣嗎？』、『來做吧！來做吧！』，經常能讓氣氛熱絡起來的人。

而且，我也擁有『自己是公司內部最能辨別出年輕人才能的人』的自信。包含他們『擅長什麼？是因為想要實現什麼而工作的？』，以及『現在過得開心嗎？如果有不滿的話，是對什麼感到不滿？』等等。

如此一來，即使光是在B團隊中就有數十個專案同時在進行，我仍然可以像這樣為公司員工牽線：『要不要試著讓那個人過來幫忙？他看起來好像對這件事很感興趣，而且似乎也很擅長這個領域的工作哦！』說不定，公司內部第一的『愛管閒事的大叔』，就是我本人呢。」

我想，有個能夠說出自己是「公司內部第一的〇〇」的名號，也是非常重要的事呢。

「像這樣以『公司內部第一』為目標的生存方式很不錯吧？雖然大家往往會想著要朝『日本第一』或『業界第一』的方向努力，但在組織中被視為珍寶的，恐怕是『公司內部第一』的人也不一定呢。即使乍看之下是局限在公司內部，但到頭來也是為了公司的事業啊。」

虎型人工作方式

擁有能夠稱為「公司內部第一」的長處。

四次元開放式創新

倉成先生說過：「除了當一個愛管閒事的大叔，將各個員工的才能串連在一起之外，其實我還有另一件事也是『公司內部第一』哦！」那麼，這個「公司內部第一」是什麼呢？

「我想，我大概是公司內部最了解公司歷史的人了吧。之前，公司在紀念一百週年事業時，製作了第四代社長吉田秀雄先生的傳記，並分送給所有員工。收到傳記之後，我一直把它放在辦公桌上，放了大約有七年之久。有一次，我偶然拿起那本傳記開始閱讀，接著竟無法停下我那翻閱頁面的手。我的內心開始產生動搖，想著：『這位超級創造者究竟是何許人物啊？』

試著調查過後才知道，公司過去所累積起來的那些歷史，就是創意的寶庫啊。我開始覺得，無論是僅屬於這間公司的獨特風情，還是應該重視的資訊傳播觀點之類的事情，都漸漸變得很好理解了。這就是為什麼最近會常常說『要以四次元開放式創新為目標』。」

四次元開放式創新？

「就是和『過去的人』共同合作。透過將現在的專案與過去的故事交互相乘，即使不完全從零開始構築，也能夠使故事性變得更加堅固、更加有趣；有時候只要一句『讓我們回歸原點吧』，也能成為說服人的要素。我現在的心情，就好像是在和包含故人在內的偉大前輩們一起工作一樣。

我帶著幾名年輕人到社史編纂室去後，編纂室的負責人大叔又開心又感激地說著：『你們愛在這邊待多久都行！』尤其是因為平時幾乎不會有年輕人到這裡來吧。我認為，公司的歷史就是『發想的起點』的寶庫。透過接觸公司歷史，我也因此得知了幾位傳說級的員工，甚至經常會直接去拜訪他們、聽取他們的想法。

比方說，我會去拜訪以前在JR🐾和NTT🐾🐾民營化時，負責打造企業Logo、創造CI（企業識別）風潮的幕後推手等人，聽一聽那個時代發生了什麼樣的事情，接著從中整理出在現在這個時代似乎也能利用的話題，然後再讓B團隊去做資訊傳播的項目。」

原來如此，這就是「與公司的歷史共同創造出新的價值」，對吧！

「其實去出島參觀，也是一種四次元開放式創新哦！我是因為期待著能從歷史的脈絡中得到啟發，才決定前往出島的。實際上過去之後，也真的得到了非常大的收穫。」

虎型人工作方式

與歷史（公司的歷史）共同創造出回歸原點般的新發想。

🐾 **譯註**：日本國有鐵道在分割民營化之後，所成立的七家鐵路公司之合稱。

🐾🐾 **譯註**：日本電信電話公司。

把工作委託給你認為「很了不起」的人

有一次，我在社群平台上看到一篇部落格文章，主題為「委託他人工作的九項須知」，因為覺得內容很有意思，就在自己的社群平台上也分享了這篇文章，結果得到非常多的「讚」。過了一段時間後，我碰巧透過他人的介紹認識了一位人士，在交換名片時，對方跟我說：「前陣子我寫的部落格文章有幸被您分享了呢。」我驚訝地回答：「什麼？您是寫了那篇文章的人嗎！」因此機緣而結識的，正是從事編輯工作的岩佐先生。

據悉，岩佐先生非常擅長挖掘尚未發表過著作的人物。那麼，岩佐先生至今曾發掘過哪些人物呢？

「富山和彥🐾先生、出口治明🐾🐾先生、曾擔任過日本可口可樂公司董事長的魚谷雅彥先生，還有曾待過麥肯錫公司的伊賀泰代小姐，都是其中之一呢。由於我最初入職的公司，絕對稱不上是大規模，所以如果要請那些已經擁有幾萬冊銷量的作者來寫書，實在是有難度。

這樣一來，就只能去尋找那些將來可能會引發暢銷熱潮的人了。我會去找出那些雖然還沒有出過書，但如果能出書的話一定可以吸引眾多讀者的人，並說服他們出書。」

在說服人時所運用的方法，就是「委託他人工作的九項須知」這篇部落格文章中所刊載的內容對吧？

「沒錯。說服人的關鍵，就是絕對不能讓對方感到吃虧，以及要好好向對方傳

🐾 **譯註：**「經營共創基盤」（IGPI）代表董事兼執行長。

🐾🐾 **譯註：**「LIFENET生命保險公司」創立者，現為立命館亞洲太平洋大學校長。

達『為什麼我會想拜託你做這件事』。委託的內容也必須清楚、具體。例如，要拜託對方做的程度範圍是從哪裡到哪裡；以及，如果可以掌控期限的話，其界限又在哪裡；另外，也要確認彼此以什麼樣的方式聯絡；還有，要向對方傳達工作完成的願景，然後再委託對方。

我有相當大的自信，認為自己提出的委託不會遭到對方拒絕。在對方產出成果之後，我不會只是表達感謝而已，我還會明確表示『哪些部分是我認為很好的地方』。這就像是獲得一個開拓新領域的挑戰機會一樣。所以，我不會只依靠那個人過去的實績。我要進行提案時，會去思考『對方一定是位在這個領域也能發揮能力的人』。我想，如果能夠建立彼此會相互共享的關係，認為『能夠一起工作實在太好了』的話，便是最重要的事了吧。」

也就是說，並非在雙方熟悉之後才委託對方工作，而是「一起工作之後才變得親近」嗎？

「是的。畢竟如果不試著一起工作看看，就無法掌握對方的整體面貌，也沒辦法讓對方了解自己是個什麼樣的人。所以如果能夠試著共事一次、取得對方信任的話，彼此的關係性也能夠維持得更長久。」

虎型人工作方式

一百位熟人抵不過五位能緊密工作的夥伴。透過工作，能結交更多的夥伴。

和公司進行條件協商

雖然有時候會看到「與公司對等工作」這樣的表述，但具體上究竟是什麼樣的感覺呢？會直接拋出一句「希望能讓我加薪」之類的話嗎？關於這一點，岩佐先生和我說了幾個「跟公司提條件」的軼事。

「我在偶然進入的公司中，被分配到並非自己所期望的出版部門，並成為一名編輯。試著做了這份工作之後，覺得非常有意思，就這樣沉迷其中，轉眼過了十四年。在想著『公司差不多要發布人事調動命令了吧』的時期，我突然察覺到『在這個組織中，我已經找不到比現在正在做的工作還想要做的事情了』，於是便提出離職。當時，我的年紀是三十六歲。

雖然這已經不是一個會被認為還能輕鬆轉換跑道的年齡了，但那時候還是有幾家公司找上我。其中之一正是《哈佛商業評論》，他們告訴我因為轉型成為月刊的關係，必須增加人手，問我是否願意過去工作。

決定進入公司後，我以《哈佛商業評論》編輯部一員的身分工作了四年。之後，我被調到書籍編輯部門，又經過了八年。就在那個時候，公司詢問我：『你能不能回來《哈佛商業評論》當總編輯？』但是，我沒有馬上答應，而是向公司提出條件。」

是什麼樣的條件呢？

「首先，雖然擔任總編輯是很有意義的工作，但它同時也是一份重責大任。所以，我向公司表達：『我要限定做三年。希望無論業績有多差，都能讓我持續做滿三年。就算做得好，也一樣是做三年就結束。』由於公司問我：『那你之後打算怎麼辦？』於是我便做出『我會離職』這樣的宣言。如果要接下這份工作的話，我希望能把它當作我這段編輯生涯的集大成來做。

負責這件事的幹部與社長商量過後，告訴我：『社長說沒問題哦！』於是我便接下這份工作了。不過，因為三年的時間實在太短，沒辦法做到一些原本想做的事情，所以其實後來又再延長了兩年。

現在回想起來，我進行過好幾次像這樣的交涉。如果公司跟我說：『希望你接下來能做這樣的工作。』我就會反過來提出『那我希望能夠怎麼做』的條件。若要問理由的話，是因為我認為，既然都已經被委任這份工作了，那我就希望能讓它成功。而且，我也希望自己能事先拔除那些讓人有藉口的根源。如果都已經接受這些定下來的條件了，那剩下來的就是自己的責任了，對吧。」

虎型人工作方式

為了不讓自己有藉口，跟公司協商「為了取得成果而定下的必要條件」。

讓半徑五公尺內的人達到二〇〇%的滿足

在那之後，岩佐先生按照約定離開公司，在越南和寮國居住過後又回到國內，以自由職業者的身分展開工作活動。在辭職之後，周圍的人作何反應呢？

「被身邊的人說了『你真的很果斷呢』。也有人說我之所以能做到這種事，是因為我有著『前哈佛商業評論總編輯』的頭銜。但是，我從還待在公司的時候開始，就一直都抱持著『如果不靠自己的名字來取得工作是不行的』這樣的意識，這個想法直到現在都沒有改變。」

為了成為一個能靠自己的名字來取得工作的人，具體上該做些什麼努力呢？

「我想，如果不需要特意向遠方的人宣傳自己，而是好好重視鄰近自己約半徑五公尺以內的人，並持續做著能讓他們得到一〇〇％、甚至二〇〇％滿足的工作，那麼自己是不是就能被人視為是這個社會中必要的存在呢？

更進一步地說，我想要珍惜那些能讓自己感到雀躍的連繫。從公司離職之後，接下工作的途徑有兩種。其中一種，是因對我的前職經歷產生期待而到來的邀約；另外一種，是讀過我寫的部落格文章後而到來的邀約。

要說哪一種能為我帶來更有趣的工作，那絕對會是後者。因為我是抱持著想尋求『新世界』的心情離開公司的，所以就算聽到有人跟我說『要再做一次之前做過的事情』，我也很難產生相同的幹勁。從這一點來看，那些讀過我的部落格文章後對我產生興趣而前來找我的人，也會為我帶來具有挑戰價值的題材。」

那岩佐先生又是怎麼看待挑戰及失敗的呢？

「我們本來就出生於先進國家，若不是遇上什麼罕見的事，不會輕易就橫死街頭。我認為，對這樣的我們來說，在以公司員工的身分度日時，無論是自己內心產生的壓力，還是從外部感受到的壓力，都不是什麼嚴重到能被稱為『挑戰』的事情。

尤其，我的工作既不是那種會讓人感到生命遭受威脅的職業，也並非有誰的性命會託付在自己手上。與世界上存在的那些『真正的壓力』相比，這不是完全可以忍受的程度嗎？」

虎型人工作方式

靠自己的名字來工作，而不是以「我是○○公司的員工」這樣隱匿姓名的方式來工作。

與外界同好相互「交流比試」，並因此進行「逆向輸入」

「我覺得你們應該會合得來。」樂天創始成員安武弘晃先生這麼對我說，並介紹給我認識的，正是擁有程式設計師身分的公司社長，倉貫先生。倉貫先生原本是名上班族，他以「管理層收購」（ＭＢＯ，Management Buy-Outs）形式，收購自己在公司內部成立的新創事業而成為社長。

在倉貫先生的著作中，個人簡介的部分有一段令人在意的記述。那段記述是這樣寫的：「即使想著要從事自己認為的天職而進入大型系統公司上班，也還是因為那些輕視程式設計師的風氣而受挫。」

「系統公司業界內有個和工作方式相關的術語叫做『死亡行軍』（Death

March），是指由於程式設計師做著就算再怎麼做也結束不了的工作項目，因而感到無比疲憊。經過調查後，發現是因為被稱為『瀑布』（Waterfall）的開發方式出現了問題。由於上下游會分工進行製作，而下游的程式設計只需要照著上游流下來的設計書製作就好，除了做起來沒什麼意思之外，大部分的設計書也都存在著漏洞。因此，程式設計師會為了合乎前後條理而不斷被壓力追著跑。

當我想著能不能做些什麼改變，並開始鑽研相關資訊時，遇見的就是『敏捷式開發』。敏捷式開發的方式是一邊進行製作、一邊進行改善，在二〇〇一年的當時，這個方法幾乎鮮為人知。我對它深有共鳴，想著『推廣方法就是我的使命啊！』，於是開始策畫公司內部的學習會。

我向自己部門的五十位同事提出邀約，結果來參加學習會的卻只有一名後輩。我對於這個活動在公司內部不被理睬的狀況感到心灰意冷，便開始思考『要怎麼樣才能受人矚目呢？』。我想著，如果不是由公司裡的毛頭小子來發言，而是以接受業界雜誌採訪之類的形式來發言的話，是不是就能得到一些關注了呢？於是，我開始尋找公司外部是否有談論敏捷式開發這一話題的地方，結果還真的被我找到了。」

這是瞄準了先在外部獲得評價的「逆向輸入型」機會對吧？

「正是如此。而且，在那之中也有一些如業界權威般存在的人士。我思考著：『要怎麼樣才能在那之中讓人覺得年輕小夥子也是很有趣的呢？』後來決定強調自己是大企業員工的這一點。但我卻不知道，只要使用公司名號在公司外部進行活動就需獲得公司許可，直接堂堂正正地展開活動了。結果，我被公司傳喚了。

然而，我並沒有遭受太大的責備，反而是被詢問：『因為我們要在為董事舉行的學習會上討論敏捷式開發的主題，可以麻煩你來發表嗎？』雖然我心裡焦急地想著『真的假的？』，但最後還是接受這個提議了。在那之後，新的部門成立，我被邀去擔任團隊的一員。於是，『可以進行敏捷式開發』一事就被正式地認可了。」

虎型人工作方式

如果在公司內得不到關注，就轉往公司外部，與外界的同好相互「交流比試」，並在獲得評價後進行「逆向輸入」。

上班族是「勇者鬥惡龍」

之前，倉貫先生曾考慮將專為公司內部人員製作的社群平台進行事業化發展。在這樣的情況下，倉貫先生都是用什麼方法來取得公司的批准呢？

「這是我在實際嘗試過後切身體會到的。鐵則就是，如果想在公司中做自己喜歡的事情，不該採取『提案』的方式，而是要以『商量』的形式來與公司交涉。如果以提案的方式交涉，基本上都會被挑毛病，導致最後事情變得不了了之。但如果以『請允許我和您商量一下』的形式來訪問對方，大部分的人都會願意協助自己。當中甚至也有人說起『我以前也曾這麼努力過啊』，讓我拜見那些傳說級的企畫書。」

商量的威力真不是蓋的。

「我和幹部商量之後，又從中獲得許多認識其他幹部的機會。透過介紹，我也接續與幾位幹部碰了面。我總覺得，上班族的世界跟《勇者鬥惡龍》這款遊戲還真相似啊。那感覺就好像是在與『大魔王』戰鬥之前，要依序打倒許許多多的『中魔王』一樣。

不同的是，如果是工作的話，就算被擊倒也不會被開除，不會『Game Over』，頂多就只是被減薪而已。而且要是真的因此感到為難的話，也只要換個工作、歸零再重新開始就好。也就是說，上班族是不會死的。在察覺到『原來我是不死之身啊！』之後，我就想通了，我只要放膽去做就行了啊。

社長也很熱心誠懇地聽我說話，並告訴我：『因為你一直都很努力啊，所以這樣也挺好的嘛。』最後甚至還問我：『你想要多少費用呢？一億左右嗎？』如果是照我原先考慮的方法，根本就不需要那麼多開發費。不過，我還是瞬間有所動搖了。」

那倉貫先生當時是怎麼回答的呢？

「當時在我腦中一閃而過的景象，也是勇者鬥惡龍的遊戲畫面。你知道在《勇者鬥惡龍Ｉ》當中，和最終魔王『龍王』決戰之前，會被問到『我會分給你半個世界，你要成為我的夥伴嗎？』這個問題嗎？如果在那個時候回答『要』的話，遊戲就結束了；如果回答『不要』的話，就會開始和龍王決戰。

因為當時我腦中浮現出那個畫面，所以心裡就想，要是現在回答了『我需要一億』的話，那我搞不好一生都將作為奴隸而活了啊！於是我便回答『我不需要』。如果當時回答的是『我需要』的話，說不定我現在過的就是不一樣的人生了。後來我總忍不住想，自己玩過《勇者鬥惡龍》真是太好了呢。」

虎型人工作方式

上班族是「不死之身版本的勇者鬥惡龍」。具有魔力的咒語是：「可以商量一下嗎？」

將「重視現場」做到極致的話，會發生好事

讀過某人的一篇演講錄後，我在社群平台上發布了一篇貼文，內容是：「這位是怎樣？超級無敵有趣！這位是怎樣？超級無敵有趣！（因為實在太有趣，忍不住說了兩次！）」結果，這篇貼文被轉發超過一百次以上。不僅如此，我們的共同朋友還告訴我：「我可以介紹他給你認識哦！」那時候被引見的，正是任職於大型電機製造商的竹林先生。

那篇演講錄中，記載著竹林先生花上十六天的時間，從東京都徒步回到滋賀縣自家的小故事。以下是我詢問竹林先生為什麼會想要徒步回去時的對話。

「以往我有過一段經驗，它成了我做這件事的契機。我在擔任新事業開發的經

理時，想著如果只要通過車站的自動驗票機，就會收到那片街區周遭店鋪的資訊或優惠券的話，不是挺有意思的嗎？於是，我製作相關企畫，並帶著企畫書前去拜會鐵道公司。

首先，我到A電鐵進行提案，結果對方告訴我：『竹林先生是京都人對吧？你不了解東京，能夠講述這邊的市街資訊嗎？』拒絕了我的提案。

我心想：『那我去了解不就行了嗎？』便將A電鐵的所有沿線道路都走過一遍。於是，我在沿途發現許多不一樣的景色。因為覺得越來越有趣，所以在前往下一個要進行提案的B電鐵之前，我也走完了B電鐵的所有沿線道路。當B電鐵聽完我的提案後，驚訝地問道：『為什麼您會知道得這麼詳細呢？』而且，後來的商談也進行得非常順利。」

因為對方不會想到竹林先生竟然會真的走完全部的路線嘛。

「我在徒步時，靠的是昭文社出版的地圖。在這個地圖上，東京被劃分為三百一十四個區域，只要是實際走完的區域，我就會一區一區塗上紅色。我非常享受這樣的成就感，但越塗越覺得，如果不把全部的區域都塗滿，內心就無法感到舒坦。於是，我花了三年半的時間，達成把全部區域都塗成紅色的目標。

在那之後，我偶然和昭文社談到一筆生意，並有機會和昭文社的社長一起用餐。在自我介紹過後，我跟社長說：『在談工作之前，我想先讓您看一樣東西。』便把塗滿紅色的地圖拿出來請社長過目。

我向社長提出請求：『因為每個區域都被我塗滿了，不知是否有幸獲得社長的簽名呢？』沒想到，社長竟然真的願意為我簽上大名。他還告訴我：『這是我第一次在自家出版的地圖上面簽名。』

雖然，並非所有像這樣的經驗都能在往後的商務活動中派上用場，但它全部都會累積成自己的經驗值，最終能發展成原創的構想。」

在工作現場完全沉浸於第一手資訊中。只要做到有所突破的程度，就會發生有趣的事。

取得破格成果者的共同點

虎型人的10項共同特性

以上就是虎型上班族的工作方式，各位覺得如何呢？如果以「薪水就是忍耐費」的想法來看待虎型人的工作方式，可能會覺得他們的行事作風十分破格、不合常理。

由於上述每件事例都有獨特之處，所以如果過於關注在具體的工作內容或工作技巧上，或許有些人會認為「這些事例跟自己的行業、職務種類都不相同，不太能作為參考」。

但這麼想實在太可惜了。如果大家能用「連銀行員和公務員都辦得到，那麼說不定我也能辦到」，或者「以往認為『隸屬於組織就辦不到』，這也許只是我先入為主的偏見而已」這類觀點來理解的話，那麼我會感到很高興。

首先，察覺「原本以為在工作的世界中只有狗派這條路能走，但沒想到原來還有貓派這一條路能走啊！」這件事，就是第一步。那麼，現在開始想著要踏上貓的道路，而且往後還想更進一步朝著「由貓轉變為老虎」的目標努力的話，又該做些什麼才好呢？

接下來，希望對虎型人的工作方式有興趣的各位讀者，能思考看看什麼是「虎型人的共同特性」。會這麼說是因為，雖然大家會覺得他們好像經常打破常規，但其理由或許不是因為他們沒有規則，而是因為他們擁有「虎型人的規則」。

以藤野先生原先提出的假設為首，我在與十多位虎型人會面的過程中，發現他們的共同點大約有十個。

【虎型上班族的共同特性】

①比起公司指令，更遵循自己的使命行事（在公司內格格不入）。
②曾有「脫離軌道的經驗」等「伴隨痛苦的轉捩點」。
③具有突出的成果與個性（有一部分顧客是自己的狂熱粉絲）。
④管理層中存在著理解者（庇護者）。
⑤有過獨立一人做完「一條龍式」工作的經驗。
⑥非常不擅長在群體中做事。
⑦與別種老虎（冒險進取之虎、叛逆青年之虎）相處融洽。
⑧和公司外部人士組成團隊。
⑨會與人聯繫，著手展開支援活動以幫助他人自立。
⑩透過發展型職涯（主動送上門的職涯）來拓展工作。

1 比起公司指令，更遵循自己的使命行事（在公司內格格不入）

正如你已經注意到的，所謂「比起公司指令，更遵循自己的使命行事」，意思並非虎型人會「違背公司指令、恣意妄為地行動」，而是不認為工作只需考慮「完成上司交辦的業務」就好，並且還經常會去思考：「為了顧客、為了社會，自己在這間公司該做的事情究竟是什麼？」

由於如此一來，他們會開始去做一些與公司指令無關的事情，所以有時某些行動也會看起來像是在與顧客玩在一塊；當他們著手協助與自己無關的部門執行工作時，也可能會被其他人認為是在偷懶。其結果就是，很容易被周圍的人認為「那傢伙到底是在搞什麼啊？」，以致在公司內部顯得格格不入。

如果上司對他們下達「為了達成目標，就算用詐欺手法來推銷也沒關係」等輕視顧客的指令，他們會不以為然地忽視指令，以自己的使命為優先。不僅如此，即使面對有權有勢的客戶，他們也不會看對方的臉色行事。

2 曾有「脫離軌道的經驗」等「伴隨痛苦的轉捩點」

面對上司或客戶時，虎型人之所以能做到不去揣度對方心思的理由，正是因為他們曾經有過「脫離軌道的經驗」。

會這麼說的原因是，對至今為止從未脫離過人生軌道的人而言，一旦脫離了軌道，他們就會堅信自己的人生大概已經「玩完了」。由於害怕自己在上司心中的評價會下降，所以就算犧牲自己的本意，也會優先考慮公司的指令，以及對組織有利的狀況。

相較之下，曾經脫離過軌道的人則會意識到：「即便如此，我的人生也不會就這樣玩完了。」不如說，他們反倒會察覺：「就算脫離既定軌道，我還可以選擇走上一般道路；而且行駛在一般道路上的話，還能更自由、更便利地前往自己想去的地方！」因此，比起設法不讓自己的評價在公司內部下降，他們更重視的是不違

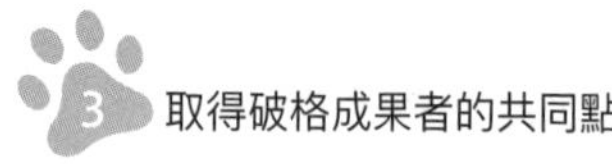

背自己真正的心意。

更何況，所謂「脫離軌道」，也存在各種不同狀況。

大考失利、留級、就業失敗、被配屬到完全不適合自己的部門且每天都在挨罵、被貶職、被降級調職到外地、任職單位的事業被廢止、生重病、珍視的人發生意外……，各式各樣都有。

在經歷那些伴隨著痛苦的人生轉捩點時，他們也不會就此自暴自棄，而仍是找尋著在自己的能力範圍內能有所貢獻的道路。於是，他們能獲得與眾不同的職涯，掌握獨到的工作方式。

3 具有突出的成果與個性（有一部分顧客是自己的狂熱粉絲）

從第二章〈在組織中出色地自由行事〉的內容中，我們能理解到，老虎會發揮他們各自突出的性格，取得不同凡響的成果。如此一來，他們的周遭也會形成一種讓人覺得「或許放手讓那傢伙自由發揮會比較好」的狀態。於是，他們便能實現這樣看似自由自在、卻並非任性妄為的行事作風。

只不過，雖說他們能「取得不同凡響的成果」，但在大多時候，他們取得的並不是像「營業成績第一名」那樣顯而易見的成果。別說是成績第一了，他們平時反倒更常去做一些被人認為「除了那傢伙以外，公司裡沒有任何人會去做那種事」的工作。

當公司內部沒有人能跟老虎相互比較這類工作的表現時，老虎就很容易被其他人（尤其是狗派）認為「完全搞不懂那個人到底在做些什麼」。但因為有「部分重要的顧客」是他的狂熱粉絲，所以公司裡的人也會覺得「雖然不知道那個人在做些什麼，但他是獲得某些顧客好評的人」。

4 管理層中存在著理解者（庇護者）

不僅是部分的重要顧客會力挺，在公司的管理層之中也有著老虎的理解者或庇護者，會對其工作價值給予高度評價。這也是虎型人的共同點。要問為什麼的話，是因為基本上老虎都會一邊把自己的使命與公司的理念結合，一邊持續為顧客和社會創造各種價值。

一般來說，老虎都很喜歡自己公司的理念，所以也會非常喜歡認同這些理念的顧客。

而在管理層之中，把這些都看在眼裡的理解者，大多也同樣都是虎型人。從虎型上班族的角度來看，會抱持著「正是因為有那個人（管理層中的老虎）的存在，我才能在這個組織中持續努力下去」的心情，也是十分常見的事。

相反的，如果那個人不在了，老虎的身邊變成只充斥著狗派人士的話，他們往往就無法繼續在那個組織中生存，或者可能會產生想離開組織的念頭。

管理層中的老虎並不只局限於直屬上司。不過就大部分的情況來說，他們會是曾經共事過一次，並且從那次工作中建立起信賴關係的相識之人。

5 有過獨立一人做完「一條龍式」工作的經驗

由於老虎不擅長「長期持續執行被交辦的事務」這種工作方式，所以他們也經常會被指派去負責創立那些「誰也沒做過的企畫」。這也是他們的共同點之一。

尤其，許多老虎都曾有過一個人做完「一條龍式」工作的經驗。意即，在這種工作方式下，他們得要獨自包辦所有工作事項，包括規畫、創造、販賣、傳遞這個企畫的價值，以及直接從顧客那裡接收回饋意見，並以此為基礎重新評估本專案企畫的價值，再將其相互配合調整。由於不得不面對「本專案企畫能提供的價值是什麼？」這一問題，所以會在這份工作上費盡心力。

當然，有時也會以建立少人數團隊的形式來進行。但基本上，老虎都會掌握企畫的整體流程，同時也由自己來判斷關於企畫的所有狀況。如果顧客提出不滿的意見，他們會獨自承擔責任。與此相對，聽到顧客表達謝意時，他們則會感到無比的喜悅。

我把這種「從顧客那裡得到的感謝」稱為「帶給心靈的款待」，簡稱「心靈款待」。只要嘗到一次心靈款待的滋味，就很容易上癮。會一邊在腦中不斷想著「接下來要如何才能讓顧客感到開心呢？」，一邊忘我地沉迷於工作中，呈現「心靈款待中毒」的狀態。

由於一條龍式的工作可以掌握企畫的整體流程，在大多情況下他們能自行判斷問題該怎麼處理，所以還會加快工作的進展。從顧客那裡接收到回饋意見後，也可以一邊與對方進行討論，一邊當場思考對應策略，所以幾乎不會出現「那麼，我先回到公司，待內部商量過後再與您討論」這樣的回話。

因為深知顧客的感受為何，所以在制定新企畫時，也不容易碰上企畫落空的窘境。在為當前的顧客實行企畫時，不僅能讓對方感到心滿意足，還能讓聽聞此事的其他顧客也前來反應：「我也想要做這樣的企畫！」以此擴展自己的工作範圍。像這樣的情形，對老虎來說並不少見。

持續以這種方式工作的過程中，會磨練出具有價值的感受力，並形成如上述所說的「有一部分顧客是自己的狂熱粉絲」的狀態。於是，看到這一情形的管理層，便可能會成為老虎的理解者。

與此相對，如果不與顧客接觸，只是持續執行被分工化的業務，則很難磨練出具有價值的感受力，也不會產生類似上述的發展。因此，越是只知道分工行事的人，就越容易感到鬱悶不安。

6 非常不擅長在群體中做事

雖然，老虎覺得隸屬於組織這點本身完全沒有任何問題，但是他們並不喜歡與人聚集在一起。

說到底，老虎本來就希望能一邊自己思考、一邊臨機應變地行動，所以並不擅長待在人群混雜的地方。無論是擠滿人的電車、大排長龍的隊伍，還是紅海市場的價格競爭等等，在物理上和概念上，他們都不喜歡密集擁擠的地方。

如果被編入群體之中做事，便往往會因為牽涉人數較多的關係，使得要做的事情被分工為各種細碎的作業，即便想開始執行新工作，也很容易聽到各處發出「我們可沒聽說過要這麼做」的抱怨聲。因此，他們並不擅長在群體中做事。

除此之外，他們也非常討厭被形式上的規則束縛住，或是被那些想掌控群體的人施加從眾壓力。當他們想出能讓顧客感到高興的點子，並向公司內部確認「這樣的做法沒問題嗎？」的時候，要是得到的回答是「這跟目前規定的做法不同所以不行」，或者「因為大家都是那樣做的所以不行」，他們甚至會失望到想哭。

他們最不感興趣的，就是集結在組織中央爭奪功績和地位（特別是派系鬥爭）。與其被捲入其中，還不如離遠一些，待在邊緣、角落的位置就好。他們更渴望的，是實際與顧客待在一起。

不過，雖然說他們對地位（職稱）不感興趣，但如果為了讓顧客綻放笑容，有必要取得特定地位的話，他們也會認為努力爭取站上這個位置是很重要的事。總歸來說，他們這麼做並非是想爬上多了不起的位置，其目的只是去做自己想做的事情而已。

另外，他們也不喜歡那種「只有統率群體的了不得人物才會知道某些特殊消息」成為常態的狀況。他們喜歡的是沒有顯著資訊落差、扁平化的組織。如果有明顯的資訊落差，就無法自行思考、自主行動。因為這樣一來，原本自己出於好意去做的事，很可能會被其他人斥責：「你不要擅自作主啊！」

但如果他們向對方反應：「是那樣的話，明明只要事先跟我說一下相關資訊就好了嘛。」以組織的角度來看，這麼做的生產效率又太低，所以他們內心也會感到很不是滋味。當然，老虎自己也不喜歡利用資訊落差的優勢，去驅使別人按照他們的意識行動。

7 與別種老虎（冒險進取之虎、叛逆青年之虎）相處融洽

組織中的老虎還有一項共同點，那就是他們會與都會區中充滿活力的創業家「冒險進取之虎」，以及在地域中推動地方創生的「叛逆青年之虎」接觸；也就是說，他們會與各處的經營好手連繫在一起。這兩種虎型經營者並不喜歡像「組織中的狗」那樣的行事作風，而且他們能在一瞬間就分辨出對方是否抱持這樣的態度在做事。

換言之，他們能立即看穿「這個人在作為組織中的一員之前，身為一個人，他有沒有辦法好好與其他人相處」。

從這一點來看，組織中的老虎（虎型上班族）不會依靠公司的招牌，也不會根據對方的職稱或頭銜改變自己的態度。他們不會把所屬組織當作主語、脫口說出：「我們公司的想法是這樣。」而是會說：「我自己是這麼想的。」

而面對公司外部人士時，或許有些人會覺得，比起稱呼上司或同事時可省略掉稱謂，還是要稱呼外部人士為「〇〇先生／小姐」會比較恰當。但如果能夠不依公司內外區分出用語，便能水平建立起超越彼此公司框架的關係；因此，虎型經營者也可能會說出「我們一起工作吧！」這類比較輕鬆、不嚴肅的話語。

與虎型經營者相處融洽的話，就算不刻意建立人脈，也會因為他們提出各種提議，如「我認識一位很有趣的人，想介紹給你認識」，或者「這裡在舉辦〇〇聚會，你要來參加嗎」，而自然增加許多與各色充滿魅力的人物接觸的機會。

8 和公司外部人士組成團隊

如果老虎需要其他人的幫助，常常會根據專案企畫與公司外部人士組成團隊進行活動。這也是他們的共同點。

之所以如此，是因為儘管人們通常認為，大型組織中一定會有各類人才、物品、錢財等豐富的資源可以運用，但實際上，要展開「尚未由任何人正式負責的工作」時，往往無法輕易聚集公司內部人員。

就算新事業多少能取得一些成果，其數值還是壓倒性地比核心事業小。以公司的角度來看，既無法提升給予資源的優先順序，也很難對團隊成員給予評價。因此，除了沒辦法吸引那些會在意評價的員工外，即使想稍微找人幫忙，要是某些上司認為「我的部下（人力資源）會被搶走」，也就無法發聲尋求他人的支援。

所以，他們才會決定和公司外部的夥伴合作。選擇外部夥伴時，他們會跟「能共同享受創造答案的樂趣」、「在艱難的狀況下也能樂在其中」的人組成團隊。由於做這份工作是走在沒有正確解答的道路上，因此他們不會跟總想把工作交給他人去做的人合作。

即使與外部的「專家」一起工作，他們也不會將其視為「外包工作」，而是以「自己也是這團隊的一分子」的態度來做事。這是因為，由自己負責公司內部的協調狀況，並直接與公司外部的專家交流，不僅能累積自己的知識經驗，還能更容易傳達自己想表達的想法。雖然這並不是輕鬆的事，但也能從中獲得力量。

老虎在建立公司外部網絡時，也不會考慮對方的所屬組織、職稱、年齡等標籤。他們希望對方是對「一起為社會帶來創新和趣味吧！」這一理念有所共鳴的人，以不考慮利害關係、為他人付出的精神，建立起彼此的交流。

如果能發揮彼此的優勢，將「無須花費金錢也能辦到的拿手技能」相互結合，說不定意外地就能輕鬆從中創造出價值。在不知不覺間，這也可能成為組織的正式業務，甚至雙方也有機會成為「正式一起工作的夥伴」，像這樣的事例也並不少見。

9 會與人聯繫，著手展開支援活動以幫助他人自立

如前所述，由於自然建立起人際網絡的行事作風是老虎的共同點，所以他們多半會順勢成為這種社群中的核心人物。尤其當知道許多有想法的人正在獨自努力著，老虎就會開始思考：「那來打造一個能讓大家聚集在一起的場所吧！」並著手展開行動。這時候，如果有公司這塊招牌，就能讓其他人產生「這看來並非什麼可疑的集團」的想法。因此，他們會盡可能地活用「隸屬於組織」的這項優勢。

但另一方面，即使成為社群中的核心人物，老虎也不希望被人依賴，不喜歡聽到別人說出「你不在就什麼也做不了」這種話。所以，他們會思考：「該如何才能打造出可以讓大家自動自發做事的狀態呢？」並設法開始進行支援活動。這就是老虎的另一項共同點。他們並沒有想過要在以自己為核心建立起的社群或組織中持續支配並掌握主權。

不如說，老虎更重視的是，建立起即使自己不在也沒有任何人會困擾的狀態，以及創造出社群或組織中的成員不會只想等待他人給指示的狀態。並且，他們也想極力避免自己在不知不覺中，成為霸占資源卻毫無貢獻的「老害蟲」。

更何況，介紹其他公司的A某和B某認識，並藉由這層關係誕生出新的創意發想，這些行動都不會直接關乎公司的營收，所以他們也完全不會得到公司給予的任何評價。幫助他人自立的支援活動也一樣，如果接受幫助的相關人員越來越能自立行事，在發展出良好結果的同時，他們本身對此有所貢獻的關連性也會變得越來越不明確。

因此，老虎不只總是得不到他人的稱讚，也經常聽不到任何一句感謝。不過，他們會自己判斷「這些事確實為公司帶來了價值」，並擔負起相應的責任，持續進行下去。不僅如此，即使做這些事得不到感謝，他們也會在暗中看著相關人員的活躍身姿，獨自享受其中的喜悅。

10 透過發展型職涯（主動送上門的職涯）來拓展工作

由於老虎對頭銜和出人頭地之類的事情不感興趣，所以他們並不會考慮「要在幾歲之前成為課長」，或者「要掌握某項專業技能」等職涯規畫。他們的實際職涯幾乎不會是按照自己原本描繪的方向走，反倒像順勢接收自行送到面前來的機會一樣，由此決定好下一份工作的去處。這就是老虎的另一項共同點。

虎型人的職涯並非自行決定目標並朝其前進的「登山型」，而是臨機應變的「衝浪型」。帶來轉變契機的，通常都是來自他人的委託，或直接拋過來的指示。比方說，可能會有人突然告訴他們：「你去越南打造一些什麼新的工作吧！」或者詢問他們：「你要不要當社長（市長）？」等等。這些都不是原先規畫好的職涯，或許也可以稱其為「被召喚而來的職涯」、「主動送上門的職涯」。

虎型人還有一種常見的職涯轉變契機，是來自於他們在社群平台上與人的互動交流。因為他們的工作與生活融合在一起，所以不少人會稀鬆平常地在社群平台的個人帳號上發布與工作相關的貼文。由於他們平時就持續張貼不同資訊，所以也很容易聚集各式資訊，自然地在社群平台上與他人展開工作上的交流。

嘟囔著自己「現在沒有工作」後，就定下新的工作；分享貼文「這位寫的文章很有趣！」後，就有人留言：「這位是我的熟人，可以介紹給你認識哦！」就像這樣，很多人都說自己經常受到他人關照、運氣很好。

因為不受限於組織的框架，活動範圍擴展到公司外部，所以也有不少人會逐漸收到許多不同人士的名片。展開活動的類型不僅有副業、複業的形式，也有以志工參與的形式。老虎不會以「我們公司禁止副業所以做不到」的方式思考，而會去思索「用什麼樣的形式才做得到」。

以上，就是目前已發現到的「虎型上班族的共同特性」。

進化的關鍵是「適當的加減」

從貓到老虎的道路

加減乘除法則

認為自己是貓派的各位讀者，對於「虎型上班族的共同特性」，有幾點是相符的呢？

讓我們再次列出虎型人的共同點。

□比起公司指令，更遵循自己的使命行事（在公司內格格不入）。
□曾有「脫離軌道的經驗」等「伴隨痛苦的轉捩點」。
□具有突出的成果與個性（有一部分顧客是自己的狂熱粉絲）。
□管理層中存在著理解者（庇護者）。
□有過獨立一人做完「一條龍式」工作的經驗。
□非常不擅長在群體中做事。

□與別種老虎（冒險進取之虎、叛逆青年之虎）相處融洽。

□和公司外部人士組成團隊。

□會與人聯繫，著手展開支援活動以幫助他人自立。

□透過發展型職涯（主動送上門的職涯）來拓展工作。

如果貓型人在工作時，帶著「試圖符合這十項共同特性」的意識，說不定在不知不覺間，也會逐漸成為虎型人。

為了讓這條「從貓到老虎的道路」，有更明確的想像藍圖，該怎麼做才好呢？

首先最重要的，就是不要認為這十個項目各不相關，要想像它們是互相連結在一起的。當我們埋頭努力於「為了讓顧客感到高興，必須磨練自我長處並產出價值」，不僅會持續提升自己的實力，也會在不知不覺間就逐漸符合這十個項目的所有特性。我想，這或許就是「從貓進階為老虎」的實際情況吧。

為了更深入理解這個過程，我們可以借助「加減乘除法則」，這是一種將工作區分為四階段以實現「進化」的公式。

這項法則是將工作方法區分為加法、減法、乘法、除法四個階段，認為無論上班族、自雇者，都同樣是一邊改變工作的形式，一邊逐步成長、進化。

接下來，讓我們來看看在各個階段中做為關鍵要點的工作方式，以及關於工作報酬差異的議題吧。

「加法」階段　不挑三揀四、增加自己能做的事情（投入的開關與反覆練習）

人在展開新工作時，首先要經歷的是「加法」階段。也就是說，要從「增加自己能做的事情」開始做起。無論是不擅長的事，還是討厭的事，都要不挑剔地盡全力去嘗試。這個「盡全力」就是關鍵要點。

因為有不少剛進公司的應屆畢業生，會在什麼都還沒有嘗試過的狀況下，就主張「我很擅長做這件事」，或「我想做的是那件事」，但多半並非真的專精到能通用在實際業務上。

不試著做做看，就不會知道自己適不適合。即使認為「這種工作並不適合

工作方式四階段「加減乘除法則」

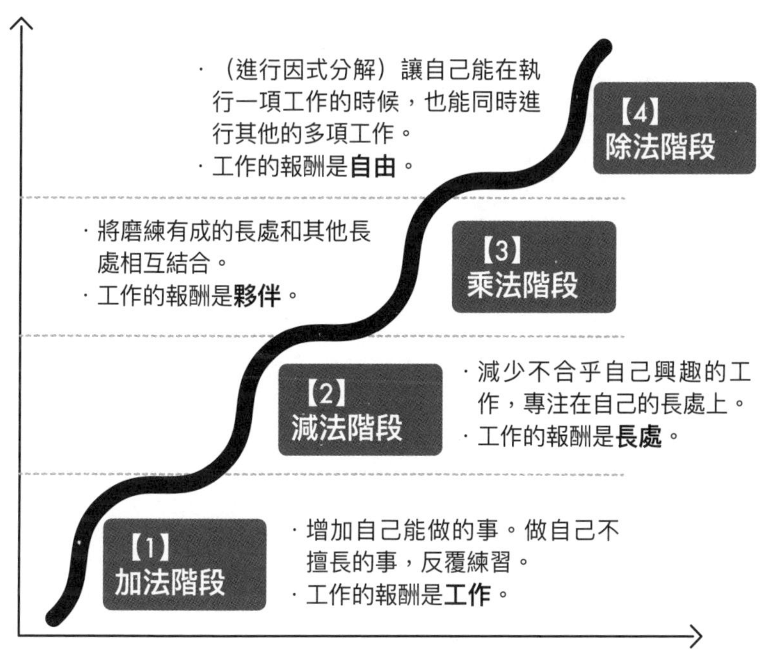

我」，也應該先盡全力試著去完成那些被交辦的工作，付出比一般人還多的努力之後，再來判斷自己適不適合。

在加法階段收穫的工作報酬，是「下一份工作」。即使是同樣的工作，只要反覆去做，也能越做越好；若是著手不一樣的工作，則能增加自己辦得到的項目，以此提升自我能力。無關內容如何，總之在這個階段最重要的，就是「反覆練習」。

如果辦得到的項目越來越多，不知不覺間也會觸動心中的開關，更容易燃起幹勁投入到工作之中。這裡希望大家注意的，是「正在做某件事的時候，開關突然被觸動」的順序。這個順序並不是反過來的。就算最初不知道做了有什麼意義的工作，也會漸漸在做的過程中發現它的意義。最可能會觸動開關的契機，是顧客傳來的感謝之意，也就是上述曾提到的「心靈款待」。

如果能透過工作讓其他人獲得喜悅，自己也可能會為了讓對方獲得更大的喜悅而持續埋首於工作中。如此一來，也會有越來越多顧客願意支持自己。然而在另一方面，隨著能做的事情變多，連帶使得工作項目增加，也會在不知不覺間超出自己能負荷的範圍。

為了解決負荷超載的狀況，就得開始不斷摸索、反覆試驗如何才能提升效率。

如果能將超載的部分控制在一〇〇%的能力範圍內，應該就能從中以某種形式發揮自己的長處。

換句話說，就是能夠從中浮現出自己「真正的長處」。這就是提醒自己能進入下一階段的信號。

「減法」階段　放下不擅長的工作，專注在自己的長處上（斷捨離與專精化）

為了磨練浮現出來的長處，要設法減少「無法發揮自我長處的工作」，這就是「減法」階段。

在加法階段最重要的，就是即使遇到不擅長的事也不隨意挑剔、竭盡全力地做到底，直到自己能做到為止。如此一來，就能明白「雖然已經比常人付出更多努力，但果然還是與自己的嗜好不合」的工作是什麼，並藉此思考是否該放棄那些自己不擅長的工作。

一旦能因做自己擅長的事而讓周圍的人感到滿足，那麼之後也更容易能接觸到自己擅長的工作。並且，要繼續磨練、提升自己的長處，直到獲得身邊的人給予自己「讓那個人去做他擅長的工作，不僅能為大家帶來好處，也能使大家感到開心，所以在那之外的工作就讓我們來接手吧」這樣的評價。

像這樣確立自己與他人都認同的長處，也就是「標舉出自我長處」這件事本身，就是在減法階段所獲得的工作報酬。

「乘法」階段　結合各項長處（獨創與共創）

在標舉出自我長處後，便會引來「你的長處對我們來說是必要的，要不要一起合作呢？」的邀約。此時，無論在公司內外都能根據不同專案展開工作，也會在參與多項專案的狀態下工作。如此一來，能與各自擁有不同長處的人組成團隊、產出成果。這就是「共創」。

不僅如此，自己的長處還能與其他合作者的長處相互發揮加乘作用，因而更能提升這些長處的稀有價值，變得具有獨創性。要是成為「他人無法取代的存在」，接下來也可能會接到越來越多專案邀約。

像這樣，在以團隊力量展開工作的「乘法」階段，獲得的工作報酬，就是透過專案結交到的「夥伴」。

「除法」階段　將工作因式分解，並統整起來（兼職與統職）

那麼，最後的「除法」階段是什麼意思呢？與加法、減法、乘法相比，可能不太容易想像。

如果在乘法階段，觸及到的專案項目增加太多的話，會變成所有專案都無法做得徹底，變得含混不清。此時，要想像以除法來將工作進行因式分解，把共同要素都統整起來。這也可以形容為「定出軸心」。

除了可以用長處（擅長的事情）來統整外，也可以用理念（為了什麼而做）來統整。總而言之，透過將所有工作的共同要素統整起來，可以打造出「無論在哪裡做些什麼，都能讓所有專案處於同時進行的狀態」。

換句話說，就是要開始不再去做那些無法統整的工作。在定好軸心之後，就果斷決定「不再去碰除此以外的工作」。

由於兼職的各項工作都被統合起來了，所以這裡便稱其為「統職」（這是我新造的詞）。也可以說，這是已經能確立「個人品牌」的狀態了。

在除法階段，獲得的工作報酬就是「自由」。就整體而言，這意味著無論在何時何地，都可以順利展開各項工作，不管是在時間上、場所上、經濟上、精神上，自己的工作方式都能獲得更高度的自由。

以上就是工作方式四階段的「加減乘除法則」（對詳細內容有興趣的讀者，請參考本人的拙著《加減乘除工作術：複業時代，開創自我價值能力的關鍵》（台灣由商周出版））。

「不當的加減」其一
——加的「量」不足

在加減乘除的四個階段中，對「從貓到老虎的道路」而言最重要的，就是「加↓減」這一步驟。

雖說貓和老虎的差異在於「表現力的高低」，但老虎還具有「突出的個性」。從第二章中的各種小故事可以看出，老虎的這種個性，源於他們總是「力求突破地磨練自己與他人的相異之處」。

在採訪各位虎型人時，無一例外的，都能聽到各種充分又明確地調節加法與減法的小故事。從這點來看，沒有「適當的加減」，就無法從貓進化為老虎了。

那麼，什麼是「適當的加減」呢？

有一次，我和藤野先生分享了「加減乘除法則」。於是，他便告訴我自己以前經歷過的一段猛烈的小故事。藤野先生以前是一名上班族，到三十歲出頭為止，他是任職於外商金融機關的基金經理人。那麼，藤野先生當時經歷的，又是什麼樣的「加減」呢？

「以我的情況來說，感覺一直都是『加！加！加！』的狀態，非常晚才迎來減法階段。總而言之，當時的工作方式十分異常，甚至還將星期二和星期四設定為不睡覺的日子。」

什麼！不睡覺的日子？

「我每週都會安排兩天是徹夜工作的日子，那兩天就會一直待在公司裡持續不斷地工作。白天的時候進行調查，等到晚上就分析資料、撰寫報告。當時公司有為我安排秘書，但如果只有一個人的話，實在是吃不消，所以當時我有三位秘書會分別在早中晚輪流值班。

要問我以這種方式工作會發生什麼狀況？那當然是身體撐不下去就垮掉了。持續這樣工作三年的結果，就是開始咳嗽不止，被診斷為哮喘。我當時真的十分錯愕呢。心中產生非常強烈的挫敗感。不過，對我來說這正是件好事。」

身體垮了是好事嗎？

「因為我在身體垮掉後，才終於開始感受到何謂人的痛苦。在那之前，我非常真心地認為：『為什麼大家老是一下子就說累了呢？馬上就因為感冒說要請假，難道不是因為太懶散了嗎？』也因為這樣，我想我周圍的人應該都覺得我是個很討厭的人吧。

雖然我也並不認為自己現在就是一個多好的人，但是透過自己生病的經驗，我才開始重新審視原本的工作方式。於是，我便調整工作方式，毅然決然地停止像原本那樣不斷增加自己的工作量。那差不多是在我三十三歲時發生的事。」

對藤野先生來說，那件事就是「從加法轉變為減法」的契機對吧？

「或許可以說是強迫改變為減法吧。藉由這件事，我也實際感受到何謂『透過失去而獲得更大的收穫』了呢。我想，正是因為察覺到『體力是有限的』這一理所當然的事實，才會有現在的我吧。」

言歸正傳，在藤野先生的故事中，希望大家關注的是「加法的重要性」。也就是說，想讓大家注意的部分是，正是因為獅子及老虎（領導者）一直以來都會把該做的事情做到底，所以他們才會有現在這樣的狀態；以及，他們擁有支撐自己高表現力的牢固基礎。

雖然希望大家能避免像藤野先生一樣，因「加法過度」而把身體搞壞，但更可惜的一種情況，是「加的量不足」。許多人在聽到「磨練長處很重要」時，不會設法充分運用加法，而是只想著做自己擅長的項目就好。

如果用雕刻來比喻「加法的重要性」的話，那麼把石膏整體做大就是加法，雕刻過後創造出名為「長處」的作品就是減法。

所謂真正的長處，並非像黏土一樣以添加的方式補強，而是只能靠雕琢自己內在資質的方式來打造。在加法階段，要是反覆練習的量不夠，就會變成是在石膏整體尺寸還很小的狀態下就開始進行雕刻，如此一來，雕刻出來的成品也會過小，從其他人的角度來看，並不是一個能稱之為「長處」的作品。

此外，所謂加法不足，並非只有「量不足」這一種形式，還有另一種可惜的形式是「質不足」。具體來說，就是「顧客不在的加法」。那麼，這又是什麼意思呢？

「不當的加減」其二——加的「質」不足

在加法階段中，重要的就是實際去體會工作的本質。

所謂工作的本質，就是「向他人提供價值，並讓對方感到喜悅」。換言之，「大量累積顧客的感謝之意（心靈款待）」這一經驗，就是這裡所說的「質」。

在思考「要怎麼做才能讓顧客感到滿意呢？」的同時，也持續運用加法原則。在這段過程中，會找到某種「這樣運用自己的資質時，容易讓人感到高興」的模式。此時，更進一步反覆摸索試驗，並繼續磨練自我，就是「減法」。如果能像這樣持續不斷調整「適當的加減」，在不知不覺間，也會擁有越來越多願意支持自己的顧客。

這些「願意支持自己的顧客」，就是從貓轉變為老虎的過程中，不可或缺的基礎。

之所以這麼說，是因為當有了這個基礎，就可能藉此做到「放棄來自組織的評價」。一旦隸屬於組織，就可能會遇到必須與自己不合拍的上司相處的狀況，即使做了自己認為重要的工作（能讓顧客感到高興的工作），也完全得不到上司的任何評價。

於是，就會變成得被迫選擇「究竟是要取得顧客的評價？還是要取得上司的評價？」。如果是狗型人，說不定會毫不猶豫地選擇「上司的評價」；但如果是貓型人，就會想選擇「顧客的評價」。在這種時候，如果能打造出「身邊圍繞著許多願意支持自己的顧客」的狀態，也比較能放心地想著：「就算得不到那個上司的評價，也是沒辦法的事嘛。」

如上述所說，能成為「適當的加減」之基礎的，就是這些「願意支持自己的顧客」。如果沒有這個基礎，就無法開拓通往老虎的道路。

此外，談到這個話題時，有時也會出現這樣的聲音：「我任職於大型組織中，沒有和顧客接觸的機會。」不過這裡所說的「顧客」，指的不一定是「會購買商品的人」。我們必須用更廣義的思考方式來看待這個概念。舉例來說，如果你擔任的是人事專員，那你的顧客就是公司員工；如果你負責的是工廠生產線，那你的顧客就是那些承接後續下游作業的工作者。

這麼考慮的話，就算是置身於大型組織中，也能聚焦於顧客的概念上進行「適當的加減」。至於依然認為「我果然還是希望能跟會購買商品的顧客打交道」的人，則有「副業」這個選擇。作為副業，如果可能的話，建議盡量在小型組織中做一條龍式的工作，也就是「能親自把自己創造的價值傳達給顧客，並直接取得回饋意見」的工作。

但這麼說來，應該也會有人提出「我們公司禁止副業，所以這種事辦不到」，對吧？不過，如果一開始就放棄的話，實在太可惜了。如果是把志工這類無法獲得收入的工作形式當成「副業」的話，在多數情況下，都是不會被禁止的。

此外，透過從事無法獲得收入的活動來展開一條龍式的工作，還有一項好處。要是「因為能拿到錢，所以就算是討厭的事情也要忍耐下去」的想法成了習慣，那麼即使是難得著手的副業，也可能會因為能獲得經濟收入而跟「一如既往的工作」一樣，又變成某種自我犧牲。

從這一點來看，如果是從事無法獲得收入的活動，想必也比較容易會認為「既然自己感覺不到什麼代價衡量，那就為此貢獻一些拿手的技能吧」。也就是說，這樣反而能純粹地磨練著自己的長處，累積「減法」的經驗值。

「是否已標舉出自我長處」的判斷基準

減法階段的目標，是標舉出自我長處，確立自己與他人都認同的長處。

那麼，我們又該如何判斷是否已經標舉出自我長處了呢？

從結論來說，其中一項基準就是「是否達到可以撰寫一本書的程度」。

一般而言，一本書大約會有十萬字。通常在聽到「能寫一本書的程度」時，沒寫過書的人很容易就會認為「應該能辦到」；而寫過書的人，反而會覺得「這基準相當高啊」（此為作者自己的調查）。其差異在於「對十萬字是否有真實感」。

關於這一點，我曾從某位書籍編輯那裡聽到一件事。

「當我們認識一些正在從事很有意思的活動的人，並決定與他們合作出版書籍時，如果對方很忙的話，我們可能會進行十幾個小時的採訪，並由撰稿人將內容整理成文章，以這樣的形式來製成作品。但是，等到真正開始以文字來撰寫成文章時，過程中又會出現在相同話題上不斷打轉的狀態。像這樣無法製作成書的例子並不少見。大約在寫到五萬字時，就會感覺碰上一堵高牆。」

「五萬字高牆」的問題在這裡出現了。那麼，讓我們來思考一下，究竟該如何跨越這堵高牆吧。

即使是沒有寫過十萬字書籍的人，當中應該也有不少人寫過兩千字左右的部落格文章。

用十萬字除以兩千字的話，相當於五十篇文章。

也就是說，標準大概就是「能否以一個大主題，寫出五十篇不同標題的兩千字文章」。如果寫得出來，應該就能證明自己在這個主題上擁有的知識內容十分充

編按：為日文字數，換算成中文，約六、七萬字左右。

足。如此一來，就可以說這是自己與他人都認同的長處已經確實樹立的狀態了。

實際上，我們在採訪虎型人時，也經常遇到採訪的結束時間比原定時間還要晚的情形。比方說，原本預計採訪兩個小時，過程中卻開始詢問對方：「我還想再更進一步了解，方便說得更詳細一點嗎？」結果等到回過神來，才發現已經過了三個小時。但即使如此，還是經常覺得有很多地方都聽不夠。因為無論是引出的話題數量，還是講述的內容深度，都非比尋常地豐富精彩。

順帶一提，我在採訪中還發現了一件事。總覺得，那些徹底運用過「適當的加減」的虎型人，不知該說他們看起來比較放鬆嗎？還是感覺比較從容不迫呢？總之，就算與他們商量事情，也有很多人會笑笑地說著：「試著去做做看也沒什麼不好啊～」或者「沒事的，沒問題的。」感覺就如同一般常說的「加減做」一樣。

如果可以的話，請大家也試著以「從貓到老虎的道路」為主題，列出五十個不同標題吧。

「組織中的怪人」會是變革人才

貓與老虎的存在意義

在了解虎型上班族的生態，以及從貓到老虎的道路之後，讓我們展開更進一步的深入挖掘吧。

從所屬組織的立場來看，虎型上班族的存在意義是什麼呢？

有獅子做不到、只有老虎才做得到的事嗎？

從結論來說的話，就是……

成為「變革人才」。

具體來說是怎麼一回事呢？讓我們透過一些小故事來理解吧。

前文提到走遍電鐵沿線道路的故事時，介紹過任職於大型電機製造商的竹林先生。在竹林先生一貫的主張中，有一項是用於思考事業發展階段的「起承轉合的模式」。

老虎是「承」型人才：能將「起」型與「轉」、「合」型人才連繫起來

「如果要用我常說的『起承轉合的模式』，來解釋何謂因應事業發展各階段的必備人才，那麼在『起』的階段是從『零』創造出『一』的人才；在『承』的階段便是從『一』便開始描繪全局的人才；『轉』型就是在成長至 n 倍的過程中，具有戰略思考、能夠設定『ＫＰＩ』（Key Performance Indicator，關鍵績效指標），並進行風險管理的人才；『合』型則是能持續以某一形式將有系統的事業準確發展並進行改善的人才。

現在活躍於日本大型企業中的人，幾乎都是發揮了『轉』和『合』能力的人才。只是，由於他們肩負的事業本身正面臨著『將要過時』的問題，所以不得不再回到『起』和『承』這兩個階段，然而因為這群人才都沒有在那些階段做過事的經驗，所以會感到相當不知所措。這就是現在面臨到的狀況呢。」

老虎對「意義」的嗅覺十分敏銳。在這裡，我們就稱其為「意義覺」吧。尤其，他們能敏銳察知到事業正處於「將要過時」的狀態。

接著，我又從竹林先生那裡聽來更詳細的內容。

「就算跟『轉』和『合』型人才談革新，他們也不會知道究竟該做些什麼才好。而且，因為他們心中早已充滿『絕不允許失敗』的意識，所以也很難開始新的挑戰。

更何況，從旁觀者的角度來看，『起』型人才經常會被認為是『不知道到底在做些什麼的人』，有些人甚至會覺得他們看起來完全只是在鬧著玩。他們是『轉』型的管理者最討厭的一種類型，除了很難理解他們的行為，還無法管控他們。

比起公司內部重視的『夥伴論』，『起』型人才更傾向以『社群論』來行動。也就是說，他們對公司的方針沒什麼興趣，追尋的是自己所屬的社群或者市場、學會的趨勢。他們採取行動的動機是『因為對這世界是必要的』。與此相對，『轉』型人才則是重視公司內部邏輯的類型，所以會和『起』型人才產生意見分歧。

能彌補這一分歧的，就是『承』型人才。比方說，他們會召開會議之類的學術活動，讓『起』和『轉』型人才在同一個場所會面，就是很好的做法。

這種打造會面場所的做法可說是十分有效。幾乎可以說，在現今的大企業中已經見不太到『起』型人才了；非要說的話，他們大多像新創事業者或學生一樣，處於『大企業的外部』。而對於在外部的『起』型人才來說，和擁有人才、物品、錢財等資產的大企業合作，也是很有吸引力的事，所以他們會為了互相彌補不足而與對方會面。如此一來，也算是兩全其美了吧。」

原來如此，也就是透過擔任「承」型人才這個角色，將公司外部的「起」型人才，以及公司內部的「轉」和「合」型人才連繫起來，以此對那些過時的事業價值推動改革，對吧？

「在海外，大家都是藉由這樣的發想，使大企業和新創企業共存共榮。我認為，『承』型人才最重要的功能，就是加入『上位概念』，對組織進行重組。」

譯註：「上下位概念」，指的是父類型的「上位詞」與子類型的「下位詞」之間的語意關係。比方說生物是上位詞，動物、植物是下位詞。

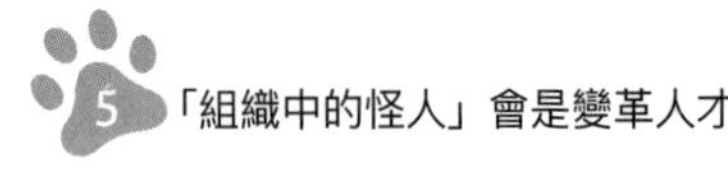

什麼是加入「上位概念」呢？

「我曾經被委任重新整頓一家有提供ＥＭＳ（電子製造／代工服務）的生產關聯公司。接下來我談的，是當時所經歷的狀況。那是一家承包電路板組裝的公司，公司裡的所有員工，全都認為自己從事的是製造業。

我原本也是這麼認為的。但是，在重新確認經濟產業省的分類後，才發現這個工作是被標註在『服務業』的欄位裡。的確，公司名稱中的「ＥＭＳ」也是「Electronic Manufacturing Services」的簡稱。但是，我暫時還沒辦法理解這到底是什麼情形。總之，我決定先花三個月左右的時間，觀察公司員工及顧客的狀況。

於是我注意到，許多訂貨方的顧客，都會親自前來參觀我們的生產線。大家都是特地來到這裡，觀看製品的組裝過程。當我思考這究竟是怎麼一回事後，才察覺到原來顧客購買的不是製品，而是組裝的過程啊。

我請顧客讓我看看他們在參觀生產線時，手裡拿的核對清單上列了哪些項目。接著，我發現他們重視的要點，與我們自己平時在意的點並不相同。在那之後，我跟公司員工說：『我們來把這裡打造成一間能讓顧客在核對清單上畫滿大量圈圈、心滿意足地離開的工廠吧！』」

也就是說，你們重新審視了「顧客購買的價值是什麼」，對吧？

「沒錯。我也因此開始理解『我們不是製造業，而是服務業啊！』，並決定『既然如此，我們就要以旅館為目標努力！』。要像旅館一樣，誠心誠意問候每一位來訪的顧客，讓他們愉悅地度過在這裡的時光。

身為社長的我，扮演的就是旅館女主人🐾🐾的角色，當然得帶頭與顧客打招呼；天花板角落因漏雨產生的斑點，也都整修好了。我跟員工解釋：『就算龍蝦再怎麼好吃，如果是一間連招呼也不打、房間天花板還有斑點的旅館，任誰也不會想住吧？』」

🐾 **譯註：**日本行政機關之一，主要目標為振興日本經濟及提升產業發展。

🐾🐾 **譯註：**通常日式旅館負責接待工作的都是女主人，即「女將」。

這比喻很好懂呢。

「這麼做之後，發生了非常不得了的事情哦！我永遠忘不了，那是在第二年的六月發生的事。當時接待處撥內線電話到社長室來，問我：『今天有幾位客人要來？』我回答對方：『今天有三位客人哦！客人來的時候我會去打招呼，到時候再麻煩提醒我一下。』當時我心想，明明他們平時都不會問我這種事，怎麼感覺好像有點奇怪啊？結果我走過去後，發現玄關那裡擺著三人份的拖鞋。員工告訴我：『我想如果是旅館的話，應該會這麼做的。』實在讓我非常感動。

隔天，我馬上在朝會上告訴大家這件事。於是，漸漸開始有人會布置花藝，也有人會手寫迎賓板放在玄關。沒多久，還把客用廁所也整理好了。就連顧客也高興地說著：『好像來到高級旅館一樣。』從員工把拖鞋擺放在玄關的那個月開始，我們就實現了單月營利化。雖然聽起來很像假的，但這件事是真實發生的。」

真厲害。如果能自己設法做些什麼的話，也能讓工作變得更開心呢。

「其中甚至出現考慮安排劃時代服務的員工，公司的業績也蒸蒸日上。我所做的，就只有為大家指示出『軸心』而已：『要記住我們是服務業！讓我們像旅館一樣，以提供出色的服務為目標努力吧！』

另外，我和全體員工一起吃午餐時，也聽很多員工說過：『不知道我們提供的零件被用在什麼地方。』於是，除了跟他們說明我們提供的零件，是那片地區中常用的農業器具上的重要零件外，我也把媒體曾介紹過這件事的報導展示給他們看。希望能藉由傳遞各種資訊，讓員工實際感受到：『我們正在做的工作，為社會創造了這樣的價值。』雖然我做的就只有這些，但我還是覺得，推動這些事情果然是非常重要的。」

藉由讓團隊成員了解「自己工作的意義」，不僅能激發個人的工作幹勁，其成果也會呈現在組織的數據上。這難道不是能確實成為「意義覺」的技能嗎？

對過時的價值與組織進行重新編制

若再稍微仔細思考，便會發現「事業正面臨過時的問題」，不就等同於「組織型態也正面臨過時的問題」嗎？詢問竹林先生之後，他說……

「那時期我還養成了一個習慣。首先，從就任社長的那一天起，我每天早上都會花上三十分鐘的時間，在公司用地內四處巡視，向各位員工道句『早安』。本來，『挨拶』這個意指「打招呼」的詞就是源自禪語，是地位或年齡比較高的人，為了觀察相對下位者時所用的話語。透過問候，觀察看看『這個人今天還好嗎？』。在持續這麼做的過程中，我覺得公司內部的氛圍也確實發生了變化。」

以團隊成員的角度來看，應該會覺得在不知道上司心情如何的狀況下，還要自己上前打招呼，實在是太冒險了吧。因此，如果能由上司主動向團隊成員打招呼的話，或許也能提升大家心理上的安全感吧。

「說的沒錯。除此之外，我也會一邊走在公司用地內，一邊把看到的垃圾撿起來。與其直接告訴大家要徹底清掃，不如給大家看看那些堆積起來的垃圾，讓他們知道『這些全部都是社長撿的』，這樣效果應該會比較好吧。指示核心、打招呼、撿垃圾，這些就是我當時的職責。」

還想請竹林先生再多說一些呢。從那時起，竹林先生有了更進一步的發展變化，那麼現在，您在公司中又是處於什麼樣的位置呢？

「感覺就像靈魂出竅一樣。身體處在公司，心靈則從外部眺望著包含身體在內

譯註：日語的「挨拶」是寒暄的意思。源於佛教的「一挨一拶」，是禪修中勘驗對方悟道深度時的言行。

的公司全體。身體實際在公司工作的同時，也從外部視角來觀察公司。從外部來觀察公司時，反而能知道公司的優點在哪裡呢。

如果整天關在公司裡，很容易就會偏向以『若我們公司要取勝的話，應該怎麼做』的觀點來看事情；但如果能一邊從外部俯瞰全體一邊思考，就會湧現『在社會追求的價值前提下，公司該做些什麼』的點子。」

像是發現「現在不是進行同業競爭的時候」，之類的？

「正是如此。思考方式會改變為『我們不要互相爭奪小餅，來把它擴大吧』。我認為，容易引發共創和合作的，正好就是這個階段。」

為了好好享受眼前的工作，有什麼方法是不管誰都能做到的嗎？

「我會推薦像我一樣到處走走哦。在公司內部四處走動、試著與人打聲招呼也不錯。總而言之，就是用自己的雙腳行走、透過眼睛和耳朵來獲取資訊的這種親身體驗吧。有很多事情，如果不自己動起來，果然就無法看到呢。在那之後，也能實際體會到工作產生的巨大變化。」

除了會像獅子一樣到達組織的頂點，從那裡向下俯瞰之外，還會到工作現場察看狀況，並試著遠離組織，從外部眺望內部，這就是老虎的觀看方式（觀點、視野、視角）。

他們會以由此獲得的覺察為基礎，承擔起「對過時的價值與組織進行重新編制」的職責。

建立，然後放下

關於「老虎成為變革人才」這一點，我們也來看看其他人的小故事吧。

戶村小姐是我認識二十多年的朋友，她任職於一家大型電機暨娛樂企業。由於她負責的工作和擔任的崗位變動頻繁，所以只要一年左右沒與她見面，就會搞不清楚她究竟在做些什麼。

戶村小姐表示，自己的工作風格就是重複「建立」和「放下」這兩個階段。她完全是典型的「起」型人才。聽說在成立新專案時，大多是由戶村小姐自己一人開始的。

「最初大多都是從被告知『你稍微考慮一下吧』的形態開始的，那時候總是只有我自己一個人呢。對我來說，這就好像是『列方程式』一樣的工作。因此，我會思考在具有XYZ等條件時，應該怎麼運用那些條件去列方程式，才能創造出對大家來說有意義的價值。」

肩負的職責，就是創造出能產生價值的排列組合對吧？

「沒錯。而且為了導出那個方程式，我會盡量從小的數值開始嘗試。也就是說，我會以對公司來說不會造成太大失敗的程度來進行試驗，在得到『看起來應該沒問題，這個方程式的確能成立呢！』的反應之後，才得以開始配屬團隊成員，創造可以產生更大影響的目標。我一直都很重視這個順序。接著，當專案正式被推動起來時，我就已經不在那裡了。」

因為戶村小姐已經往下一個專案目標前進了嗎？

「沒錯。我好像總是會在不知不覺間，就身在『公司的潮流』之中被推著走呢。當覺得自己手上的工作大致上都完成的時候，總是會被『是已經有個模糊的主題了……』等理由給召喚過去。雖然不知道專案最終會變成什麼樣子，但總之公司會讓我試著去挑戰。像這樣，作為擁有許多『期待值的留白』的組織，我認為也是我們公司的魅力所在。」

戶村小姐會覺得經常收到公司內部各種人士的邀約嗎？

「我經常會收到來自公司內部、跨越不同單位的各種商量呢。即使是與我負責的領域相距甚遠的範圍，也會有人把技術的原型帶來與我商量：『這個沒有辦法再做點什麼了嗎？』當然也有人是空手前來與我討論點子，各式各樣的形式都有。在處理這些問題的過程中，好像也能漸漸讓大家了解到『我就是這樣的人』。也因為如此，我又逐漸增強了與其他人的連結。從結果上來看，或許這也跟『被召喚而來的職涯』有關聯吧。」

雖然戶村小姐不是自己主動舉手表示希望調動工作崗位，但像這樣一再擔負著

「起」的職責，感覺就是「組織中的老虎」會經歷的職涯呢。

瀏覽戶村小姐的社群平台時，有時才剛想著「戶村小姐為了工作去到『Comic Market』🐾的活動現場了呢」，結果過一陣子後，又看到戶村小姐去了世界盃足球賽的非洲大賽。感覺戶村小姐總是會在活動現場待上挺長一段時間呢。

「就我的立場而言，希望盡可能直接觀察參加者或顧客的反應。會到Comic Market的活動現場，是因為在調動單位中沒有什麼急著要做的事情，所以我才能先花點時間加入那裡的夥伴圈中。如果幕張展覽館或東京國際展示場在舉辦Comic Market的活動，我就會過去幫忙一起發傳單，有時候也會因為大排長龍的保全維安而被顧客大聲怒吼。我把它當作是成立網路直播事業前一階段的準備工作，並理解成這是在向我傳達『先實際體驗一下那是什麼感覺吧』的訊息。

非洲世界盃足球賽那次，我們花了兩週左右的時間巡行當地，成功舉辦了推廣『愛滋病毒／愛滋病對策』相關知識的公開放映活動，直到確認當地的NGO（非

🐾**譯註**：日本乃至全球最大型的同人誌展售會。

政府組織）接手後才回國。」

像戶村小姐這樣「由一人開始」的組織發展方針，並不是調動到原本就已經存在的崗位，而是在兼任職務的狀態下同時啟動專案，一旦上了軌道後才會得到相應的崗位，對吧？感覺這是虎型人常會遇到的狀況呢。

「沒錯，就是這樣。就算進展得不順利，那也只是我個人的風險，可以到此為止就好。而如果進展得順利，公司就能以更大的資源開始新的挑戰。我總是抱持著如登陸月球表面般的心情，帶著踏上從未踏過之境般的驚險感和欣喜感，一邊鼓舞自己，一邊將任務持續進行下去。話雖如此，要是在一開始就獲得龐大資源，應該也會有它的難辦之處。」

會變得很難失敗對吧。

「對，沒錯。我通常是從小規模做起，能看到一定程度的雛形後，就開始小心謹慎地加快速度。包含公司的方針、策略、同伴的參與度等等，在具有各種限定條件的狀態下，順應當時的情況來行動。對於被給予的抽象性題目，我的感覺比較接近『設定問題並試著去解開它』。

值得慶幸的是，到目前為止，我所提出的回答，從來沒有被認為『這是什麼離譜的想法！』而遭反駁。在我之後接任工作的負責人，也都同意繼續以原本的方式進行下去。」

在進行那些事情時有什麼訣竅嗎？

「也許我內心其實是在推測什麼樣的條件是適用於組織的。如果那個判斷超出組織基準的話，那應該就要創業了。再加上，我所屬的公司具有「能接受這些超乎常理的想法」的根基，這點也是很重要的呢。」

或許，正是因為對自己公司的價值觀有著非常深入的理解，才能順利地將自己著手準備的「起承」工作交棒給成員，繼續進行接下來的「轉合」吧。

實行那些在既有事業下做不了的事

「組織中的老虎」創立新的事業，對所屬的組織來說，是否存在什麼意義呢？前面提到與一百位革新者見面、建立網絡的故事時，介紹過任職於大型智庫機構的齊藤先生。對此問題，他是這麼說的：

「我們智庫機構的兩大事業支柱，是『諮詢』和『解決方案』，但我所屬團隊的職務與這兩者又有些許不同。我理解我們必須從這兩大事業辦不到的角度出發，傳達我們自己的品牌風格。

無論是花費三年以上的時間開拓出『與一百位革新者見面』的道路，還是將這種革新的精髓活用在地方創生的現場，從零到一創造出新事業，全都是既費事又無利可圖的事業，因此在一般的事業路線上是行不通的。但我認為，為了向社會展示我們公司的存在價值，這樣的挑戰是有必要去嘗試的。」

如果那在核心事業中的話，便是不合乎利潤的活動；但這些活動也並非屬於成本中心🐾，是這樣嗎？

「沒錯。這不是慈善事業，也不是CSR（Corporate Social Responsibility，企業社會責任）的活動。在各地實踐革新計畫時，會由當地的金融機構或商業公司、行政機構來籌措營運費用。只是，這和一般正規的諮詢費用是不同的考量。身為地方創生的合作者之一，如果資金有所不足，我們主要也會透過勞動來負擔。」

無論在哪個地區都是相同的構成方法嗎？

🐾**譯註：**指在企業經營中，僅評估成本，而不考慮利潤的部門。

「各地的結構都不相同。以最初展開革新計畫的北海道十勝來說，是在獲得三家金融機構的贊助後，才終於達成努力的目標。原本我們認為這個做法在其他地區也行得通，便在沖繩展開同樣的協商，但結果卻不如預期。雖然我們常聽到『水平展開』或『橫向展開』，但實際上各地區的構成方法都不相同。」

所謂「共創型」的工作，是在人與人之間感到意氣相投的時候，才有辦法開始順利進行下去的。因此，「和誰一起工作」這一點，也會讓工作方式跟著改變對吧。我想，如果我和沒什麼熱忱的人一起工作，事情一定也不會順利進展。

「正是如此。由於十勝的做法在沖繩行不通，所以我當時幾乎都要放棄了。但是，還有一位不放棄的人在。他告訴我：『請和我一起到商業公司交涉。為了請大家一起對這個專為沖繩打造的專案出錢出力，我想前去各處拜託那些值得信賴的社長。』

雖然聽到周圍出現許多不同聲音，像是：『從當地的中小企業募集資金這種事，真的有可能辦到嗎？正在考慮是否要拿取補助金的公司，反倒還比較多吧？』

或是：『沖繩有那麼多來自國家的補助金，活用那些補助金不是更快嗎？』但我們還是去拜訪了數十家企業。於是，成功從十八家公司召集到次世代經營者的參與，也籌集到營運費用了。」

雖然在核心事業的框架下，這些活動不僅效率低下，還過於沒有規律，以致難以採取措施；但對公司來說，是可以將具有社會意義的活動當作持續可能的事業來打造的。從組織的角度來看，虎型人或許正具有這樣的存在意義。

不受核心事業束縛，自由地行動

去做那些「在核心事業做不到的事」，也存在許多不同的形式。先前講述打造「感官指標」的故事時，介紹過任職於大型不動產入口網站企業內智庫的萬丈先生。萬丈先生和我分享了「與自己公司核心事業相對立的反命題」這一形式。這裡說的，是與既有顧客產生摩擦時的狀況。

「只要稍微改變一下住宅市場，世界上的生活風景就會產生很大的變化。所以，為了讓大家過上幸福的生活，我果然還是會想提出該解決的問題，哪怕只有一點點也好，希望能讓建築或與不動產相關的業界全體，甚至整個城市都變得再更好一點。」

什麼是提出該解決的問題？

「二〇〇八年提出的『中古住宅流通的活化作用』建議報告，應該就很有象徵性。當時日本極力推崇新蓋建築，因此中古住宅的流通量很小，雖然國家和學者對此狀況提出各式各樣的議論，但我身為一名消費者，還是怎麼樣也無法理解其中意味。於是，我便徹底以消費者為視角，提出『翻修』的方案。就像中古住宅流通十分活躍的歐美先進國家一樣，我認為日本也應該以翻新、活用中古住宅的社會為目標努力。

但就某種意義上來說，這是在對新蓋建築的市場提出異議，會引起業界的反彈也是意料中的事。不過，當時事業部的負責人告訴我：『也許現場人員還沒辦法理解這件事，但市場的趨勢遲早會朝著這個方向發展。你所屬的組織，就像是有「治外法權」🐾般的場所，所以我希望你能從那裡向大家發出你要傳遞的訊息。』

如果當下立即公開支持中古住宅的翻修市場，就會與現有的客戶產生摩擦。但

🐾**譯註：**一國國民在他國領域內，不受當下所在的他國之法律約束。

很明顯的，中古翻修市場遲早會成長起來。因此，我把自己所承擔的任務理解為：『在自己的立足處中從正面著手，同時也不忘建立起業界之間的連結』。

為了撰寫相關報告，我開始造訪之前從來沒有過交集的建築設計事務所，還有住宅翻修類型的不動產公司。個別聽取了各方說法之後，才發現大家對目前存在的問題都抱持相同的意識。

由於詢問各方『有沒有與其他單位建立連結？』時，得到的回答都是『沒有』，於是我跟大家說：『那要不要來建立連結呢？』並著手安排能讓大家舉辦聯絡會議的場所。從那個時候開始，負責人便告訴我：『你可以自由決定要怎麼做哦！』」

若是以「公司外部群體的核心人物」這一身分展開活動，那麼「自由裁量」的自主權就變得非常重要了呢。為了讓社內認可這個自由，是否也必須深刻理解自己公司的存在意義及價值觀呢？

「懷抱信念展開工作時，『所謂社會就應該是這樣子吧？』的價值觀思考，不都是必要的嗎？絕不是『只要能賣出去，怎麼樣都好』。但是對於每天只專注在創造銷售額的人來說，說不定很難抱持這樣的價值觀呢。

當然，『為眼前的每位客戶提供最佳服務』的職責也很重要，但如果單憑這一點就奮勇向前衝的話，在偶然環顧整個社會時，也可能會因為出現『這種做法真的好嗎？』的念頭而停下腳步。雖然『比起公司指令，更重視自我使命』的這種說法，實在有點太過帥氣，但我認為，自己一直以來都很重視怎麼將自己的價值觀以及在公司中肩負的職責兩者相互調和。」

就像這樣，「組織中的老虎」在看準核心事業在未來即將「過時」的同時，也逐步推動著那些當事者無法辦到的「變革」。

勤懇踏實地播種

「變革人才」聽起來或許是個很酷的稱呼，但其實他們每天做的事情卻非常地質樸且踏實。他們播下種子、培育它成長，但等到收穫期到來時，他們早已交接給下一棒，自己又到其他地方繼續播種了。

主理ＧＩ高峰會的渡邊小姐在聽到「在虎型人的工作方式中，也有許多很難被周圍人理解的部分吧？」這個問題時，是這麼回答的：

「在播下種子的時候，是絕對不會得到他人稱讚的。如果是預先設定好ＫＰＩ之後再播種的話，還有可能得到認可；但在連ＫＰＩ都沒有的世界裡，除了會被認為『不知道到底在做些什麼』之外，別人也不會想給予評價。直到取得成果之前，都不會得到讚揚。儘管如此，如果聽到那種『光只是在播種時就想得到認可的人』

說了『這麼自由還真不錯啊』之類的話，還是會想反駁對方『並不是這樣的』。」

在播種的時期，總之也只能透過從顧客那裡聽到的「謝謝」等話語，來獲取能量吧。

「我懂。總之就是相信著『現在所做的事情，絕對能為世界帶來幫助』。不管誰說了什麼，都要繼續播下種子。」

更進一步地說，是不是也很難傳達是否成功獲得成果了呢？

「有時候即使自己認為已經是大豐收了，也會被其他人被嫌棄說：『那什麼東西？能吃嗎？』或者一臉不可思議地問道：『為什麼要培育一堆雜草？』」

啊……我懂那種感覺。就像跟對方說：「不，這不是雜草，是優質的燈心草，可以做成扎實的榻榻米。」卻被對方怒斥：「明明我們在忙著種稻，為什麼你們還在種那些不能吃的東西啦！」之類的。但以我們的立場來看，明明就是因為公司理念歌頌著「要豐富日本的文化」，我們才會這麼做的……大概就像這樣的感覺吧？

「沒錯，就是這樣。有人能理解這樣的感覺，我真的很高興。」

對於站在高度視野看事情的經營者來說，他們會將虎型人的工作理解為「並非為了短期的ＫＰＩ而做」，而是「為了長期的成果而值得去做」的工作。只是，正因為是長期性的工作，所以更加不會被數值化、指標化，如此一來也很容易產生「看起來和周圍同事格格不入」的景象。這也是令人感到著急的一點。

總結「組織中的老虎」之存在意義

除了能察覺「過時的事業」，在那之後也不會把時限往後拖延，而是為了創造出新的價值，對事業或組織進行重新編制；以人力精簡的輕便作風，一邊在工作現場觀察能理解其價值的顧客，勤懇踏實地播種，一邊抱持價值信念，把組織內外的起承轉合人才連繫起來……。

像這樣，在事業或組織迎來成熟期（或者進入衰退期）時，創造出「新的趨勢」，就是「變革人才」的意義所在。

然而，當事業階段來到成熟期，組織越來越壯大之後，這些人才也會越來越難以生存下去。這就是虎型人的宿命。因此，在下一章中要探討的是，「為了打造讓虎型人容易生存的環境，需要具備什麼樣的條件」。

建立自律型組織

如何有效活用貓與老虎的能力

到目前為止，我們探討了「讓組織中的老虎自由工作，公司就能獲利的理由」。

但就算因此產生「原來如此，那我們就來打造一個讓貓和老虎可以活躍表現的組織吧！」的念頭，只要一直以來都抱持「所謂在組織中工作，就是以狗派的方式來活動」的價值觀，且把它當作長期經營的基礎的話，便無法順利在一朝一夕之間改變些什麼。

換句話說，容易讓狗擁有活躍表現的組織習性或工作方式，對貓和老虎來說則是無法感到舒心的環境，也是難以工作的形式。

因此在最後一章中，我將試著從公司的角度來思考，為了讓乍看之下「難以馴服」的貓和老虎發揮他們的能力，應該打造什麼樣的組織才好。

另外，所謂「打造讓貓和老虎容易生存的環境」，並不僅限於「認可貓和老虎的存在」這件事。

實際上，我的探究主題之一就是「如何打造組織、如何打造團隊」，而近來經常引發討論的話題，就是「打造成員能自主思考、自發行動的自律型組織及團隊」。在這一點上，思考如何讓貓與老虎發揮能力並將其實踐，不外乎就是「打造出自律型組織」。

這是什麼意思呢？

首先，我想先將經常聽到的「對貓與老虎的疑問」，整理成Q＆A的形式，並一一解開這些疑問。

對組織中的貓與老虎產生的各種常見疑問

Q 若出現太多自由行事的貓與老虎，組織不就難以為繼了嗎？

A 的確。我想，對狗派的人來說，這是理所當然會有的感覺。

但如果是已經讀到這一頁的讀者，應該就會產生「啊……這大概是對『自由』的看法有些誤解？」這樣的覺察吧。前面已經提過了，所謂自由，並非隨心所欲、恣意而為。

讓我們試著把這個問題中的「自由」替換為「自己思考與行動」，再重新表述一次吧。

「若出現太多自己思考與行動的貓與老虎，組織不是就難以為繼了嗎？」

這個問題很奇怪對吧。

所以說，即使組織中出現越來越多的貓與老虎，也不會有什麼問題。組織並不會因此崩壞。只是，為了使自律型組織發揮功能，「有建設性地磨合彼此意見」的工作方式，就會是關鍵要點。因此，如果仍依照過往「以指示命令為基礎」的組織營運方式，便無法順利開始。

接下來是雙重問題。

Q 不忠於組織、自由行事的人，不會工作不認真嗎？

Q 只讓貓與老虎自由自在地工作，是不是太不公平、太狡猾了？

A 某次，我從藤野先生（「虎型上班族」的命名者）那裡聽來這樣一段話：

「我喜歡的詞語當中，有一個詞是『真面目』。我覺得，應該沒有比『真面目』這個詞還能表現其本來意義的詞了吧。所謂的真面目，就是『真實的面目』。面目指的是face，所以真面目的意思其實就是『real face』呢。一個人保持在一種『做自己』的狀態，就是『真面目』。

此外，真面目還有另一種說法。我很喜歡中國宋朝一位詩人留下的詩句，『柳綠花紅真面目』。意思是，就像柳樹在綠意中搖曳、花朵也鮮紅綻放一樣，一切都各自保持屬於自我的樣貌就好。

所以，如果公司想讓我做不正當的行為而我卻服從的話，就不能稱為『真面目』。能夠抱持『不想做不正確的事』這一信念來行動的人，才是保有『真面目』的人。從結果來看，這麼做也能使組織長久存續下去。

雖然我心中抱持著危機感，覺得『也許現在的日本，正缺少像這樣保有真面目的人』，但若要說我們能期待什麼樣的人會是『保有真面目、認真工作的人才』，那正好就是虎型人和貓型人了。所以我認為，所謂『自由的人』，也等同於『保有真面目的人』。又自由又保有真面目的人，他們做事的共同點，不就是『非常重視顧客』的這一點嗎？」

若以藤野先生的定義來思考「真面目」的意思，那麼無論狗、貓、老虎、獅子，大家都只要以各自的風格發揮自己的本領就好，所以也不能再說「這樣不公平所以很狡猾」了。所謂「公平」，不是所有人都一模一樣，而是應該考慮讓大家依照自己的風格行事。

也許，越是「披著狗皮的貓」，心裡就越容易對貓和老虎產生不舒坦的情結，會覺得「明明我一直都在忍耐，為什麼只有那傢伙這麼狡猾」。而如果是狗型人的話，則會認為自己只是在做被交辦的事項而已，並沒有特別在忍耐些什麼。

這麼考慮的話，說不定「隱藏的貓」的實際人數，其實是比想像中的還要多上許多的呢？

順著以上內容，接著來看下一個問題。

譯註：日語中的「真面目」，有「認真、老實、嚴肅」等意思。

Q 但我認為自己的公司中不存在貓與老虎啊？

A 任職於大型電機暨娛樂企業的戶村小姐是這麼說的：

「我之所以認為現在的環境很舒適，是因為公司內部的交流是以各自的興趣、關心的事物為基礎，這氛圍讓人覺得說話時不會有太多顧慮。更讓人感到欣慰的是，最近入職的年輕人，都把這些當作『預設值』了。」

這樣的趨勢有越來越明顯嗎？

「有的。雖然大家能理解組織的階級制度是為了建立自我定位的一種規則，但卻完全不會去依賴它。看到最近入職的年輕人的行為舉動，覺得他們實在非常可靠呢。他們會毫無畏怯地聯繫我說：『請給我一些意見吧！』或者告訴我：『我現在在考慮這些事情。』他們不被組織束縛、不拘泥既定概念，感覺能不斷地流轉變化。我相信，這麼可靠的他們肯定能肩負起下一個世代的責任。」

說不定，認為「我們公司沒有貓」的人，其實只是因為公司裡的那類年輕人，正處在「披著狗皮屏住呼吸」的狀態。再來，如果是這種組織的話，老虎就會離去，所以認為「我們公司沒有老虎」的想法，應該也是沒有錯的。

接著還會被問到的，就是下面這個問題。

應該採用什麼樣的評鑑制度才好呢？

任職於大型不動產企業內智庫的萬丈先生是這麼說的：

「以樹狀圖表示公司的利潤結構時，老虎的工作不是的確會被放置在樹狀圖的外緣分支處嗎？

因為不會直接關係到今天或明天的營業，所以他們所做的工作經常被認為很難測定出對企業全體貢獻度的高低，對吧。即使擁有『透過提升在業界中的存在感來間接開拓顧客』的自豪，但同時擔負著『難以客觀給予評價』的職責，而處於所謂的兩難困境中。如果是理科類的製造商，至少還有著認可基礎研究價值的文化，但以我的情況來說，卻不得不依靠業界或市場給予的評價。

我所不樂見的只有一點，就是管理層在還沒經過深思熟慮時，就草率提出『從現在起就是給予老虎獎勵的時代了』，並迅速將其制度化、開始作出評價。老虎就棲息在如同『方向盤的間隙』般的曖昧範圍中。我認為，若是讓不具備中長期視野的上司，一味地以死板的規矩來給予老虎評價，是最不妥當的行為。」

因此，在老虎屬於明顯少數派的階段時，作為最低限度的對應就是，「不只以短期、直接的利益貢獻度來給予評價」，以及「不試圖立即將評價、獎賞制度化」了吧。

話說回來，會像這樣對貓和老虎產生疑問，大多情況都是因為對他們不夠理解所造成的誤會。簡單來說，就是仍然認為貓和老虎是「奇特的人」，是「無法理解的存在」。

因此，以下將會整理出從多位老虎那裡聽來的故事，就讓我們繼續看下去吧。

在諸位接受採訪的老虎之中，也有人是「前虎型上班族、現虎型經營者」。例如，倉貫先生以管理層收購（MBO）形式收購了自己在原本所屬公司內部成立的新創事業而成為社長；而第二章中介紹的擔任縣政府職員的都竹先生，其實在那之後則因應當地人的希望出任競選市長並成功當選，成為一名「虎型市長」。

像這樣由虎型經營者、虎型市長打造的組織，很明顯成了讓貓和老虎能舒展活躍的環境，因此其中也充滿許多關於打造自律型組織的訣竅。

總歸來說，比起「正在做的事」，或許「試著不再去做的事」更為重要。這是因為，雖然各組織採取的具體做法各不相同，但他們不做的事卻是相同的。

我從現役的虎型上班族當中，也聽到許多「希望大家不要做這種事」的聲音。因此，我便整理出以下「九件不該做的事」。

譯註：指即使操作方向盤，輪胎也不會有反應的一段範圍。

打造讓貓與老虎能好好棲息的環境——九件不該做的事

1 不過度要求集體行動

貓和老虎不擅長和大家集體行動。

請不要讓他們成為那種出不出席都無所謂的例行性會議成員。如果他們覺得有必要的話，就算不叫他們出席，他們也會主動出現在會議上；如果要共享資訊，只要上傳之後放著，他們就會自己去看了。

請不要試圖拉攏他們加入派系。由於他們會依據自己的基準，慎重判斷之後才開始行動，所以即使你認為已經攏絡他們，之後仍可能會發生讓你心想「為什麼背叛我啊！」的狀況，使得雙方都感到為難。

如何打造讓貓與老虎能好好棲息的環境——9件不該做的事

① 不過度要求集體行動

② 不局限於指示型規則（只有唯一正解的選項）

③ 不過度要求「報告、聯絡、商量」

④ 不用多數決來決定是否採用其想法

⑤ 不只以短期或直接貢獻來進行評價

⑥ 不施加從眾壓力

⑦ 不輕易展開競爭，不以金錢報酬或地位作為誘因

⑧ 不禁止副業

⑨ 不造成孤立

貓和老虎所喜歡的，是認可「格格不入」或「出頭鳥」這類情形存在的環境風氣。我有一位朋友任職於一間以自律型組織聞名的公司，他曾這麼說道：

「從棒打出頭鳥的公司開始，走向被出頭鳥打動的社會。」

被出頭鳥打動的社會。我實在是非常非常喜歡這句話。

2 不局限於指示型規則（只有唯一正解的選項）

請盡可能避免制定不必要的「指示型規則」，也就是那種聲稱「請務必按照指定方法做」的規矩。要是這麼做，貓和老虎會消耗過多心力在爭論「不要用那種方式，用這種方式不是比較好嗎？」，以及「這是已經決定好的事，所以不能那樣做」等問題上。

貓和老虎喜歡界線型規則，也就是「只要在界線範圍內便能自由行事」的規則。

尤其，當他們更明確「理念」、「向顧客提供的價值」、「行為規範」之後，就更容易判斷「該做什麼才好」，以及「什麼事不該做」，因此也更可能不和周圍產生摩擦地自在行動。

3 不過度要求「報告、聯絡、商量」

他們十分重視以當下的流程和走向來推動工作，喜歡直接與公司外部人士討論「這件事應該辦得成哦！」、「那我們就來做吧！」。也會深思如何能在不用說出「我要先回去跟公司討論看看」的狀況下，就直接解決問題。因此，請別過度要求他們必須向公司「報告、聯絡、商量」，也不要只用一句「我怎麼沒聽你說過」就阻止對方前進。

不過，「不過度要求報告、聯絡、商量」，和「放任不管就好」並不相同。雖然貓與老虎會徘徊於工作現場或組織外部，獲取第一手消息，但他們不會主動對那些看起來很忙碌的人說：「請聽聽看我的意見。」如果就這樣互不交談的話，就太浪費那些難得蒐集到的第一手消息了。

虎型經營者倉貫先生提倡的，是將「報告、聯絡、商量」改為「閒聊、商量」。也就是說，不需要報告和聯絡。這是因為，如果以「原則上資訊都是公開的狀態」來制定共享規則的話，那接下來要做的就只是去查看上傳的內容就好。

重要的是「閒聊」和「商量」。如果有一個能輕鬆商量的環境，在閒聊的同時也能自在提出：「對了，說到上次那件事……」的話，那麼組織的生產效率也會跟著提升（對詳細內容有興趣的讀者，請參考倉貫先生的著作《取代「報告、聯絡、商量」的「閒聊＋商量」，能取得成果的團隊習慣》〔暫譯〕，由日本能率協會經營管理中心出版）。

順帶一提，雖然人們常說「閒聊很重要」，但單單閒聊是沒辦法提升生產效率的。之所以說閒聊很重要，最主要想表達的是「要打造出能輕鬆閒聊的氛圍」。

因此，請試著向貓與老虎搭話，問問他們「要不要聊一聊？」，或者「最近怎麼樣？」吧。在職場上，如果夠能將「現在方便閒聊一下嗎？」這種說法當成進行交流的共通語言的話，組織的自律程度也會有飛躍性的成長。我十分推薦這個做法。

4 不用多數決來決定是否採用其想法

由於貓與老虎在大多情況下是少數派（尤其老虎又是絕對的少數），所以當他們產生「想做做看這件事」的想法時，如果要以多數決來判斷是否採用其點子的話，他們幾乎都會認為「那就算了吧」。而且，如果理由是「因為沒有前例」、「可能會引起某些問題」、「要是失敗了怎麼辦」這種消極原因的話，那就什麼也做不了了。

就基本的決策機制而言，對於他們「想做做看這件事」的想法，如果有異議的話，不妨設法採納其他人提出的「那樣有點難辦」、或者「具體上來說會有這些障礙」等意見。在此基礎上，可以表示「如果在四十八小時以內沒有異議的話，那麼繼續進行下去也沒問題」；如果有異議的話，就考慮該怎麼做才能繼續進行，並互相磨合出彼此絕對不可退讓的明確界線。如果能透過這些方式，創造出不輕易阻止貓和老虎挑戰的環境，那麼他們也會為了拿出成果而盡心盡力。

而最讓他們感到高興的一句話，就是「責任由我來扛，你就自由地做吧」。

5 不只以短期或直接貢獻來進行評價

請不要無論在什麼狀況下都想著必須立即制定ＫＰＩ。請認可那些沒有制定出ＫＰＩ的「無名工作」。

說到底，原本ＫＰＩ就是為了掌控「已經知道正確答案」的工作進度所制定的指標。也就是說，它針對的是「只要這樣做就能順利進展的工作」，並不適合那些要一邊反覆試驗、一邊進行挑戰的「初次嘗試的工作」。

請認可那些「播下種子的工作」，以及「讓風颳起的工作」。

貓與老虎會想要從事那些「為了兩年後的將來，現在先播下種子」的工作。他們在工作的同時，也會一邊想著「現在有這樣的收穫，是因為在兩年前埋下種子所實現的成果啊」。

並且，等種子萌發新芽，到了已經可以採收時，他們又早已在不同地方播下新的種子了。也因此，收穫的功勞往往會轉移到別人身上。日本俗諺說：「當風一颳起，木桶店就賺大錢了。」🐾以這句話來比喻的話，就像是當木桶店賺大錢時，即使遠方有一個人正做著「讓風颳起的工作」，也會因為彼此的因果關係距離太遠，使得他無法獲得評價。

如果貓與老處身處的，是即使做著如「讓風颳起」般「直接的因果關係不明確的工作」也能受到尊重的環境，那他們會很樂意揮汗承擔工作。

🐾**譯註：**當風一颳起，飛揚的塵土吹進眼睛裡便會使人失明；當以演奏三味線維生的盲人變多了，做三味線用的貓皮之需求就會增加；貓減少了老鼠就增多了；越多老鼠去咬木桶就會使購買新木桶的需求增加，木桶店就賺大錢了。也就是說，當發生某件事時，可能會影響到乍看之下完全不相干的另一件事。

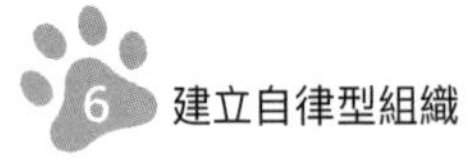

6 不施加從眾壓力

當你希望貓和老虎遵從指示時，請不要對他們施加從眾壓力。被他們問到「為什麼要這樣做？」時，請不要只說句「因為這是上層的指示」、「因為大家都這樣做」、「就算不說也能懂吧」就草草了事。當你想透過從眾壓力來控制他們，他們就會變得堅決不去行動。

貓和老虎喜歡「不斷討論到接受為止」的風氣。如果是無法接受的事情，他們絲毫不會想做；如果是已經接受的事情，就算你放著不管，他們也會投入去做，而且即使是多少有些困難的事情，他們也會想辦法去克服。

7 不輕易展開競爭，不以金錢報酬或地位作為誘因

公司在推出新的服務時，經常會舉辦類似「員工推薦促銷」等活動，讓大家競爭販賣數量，並頒發獎金或獎品給排名較高的人。雖然有些人在得知能獲得什麼獎

勵時，會突然產生幹勁去做事，但對於貓與老虎來說，就像前面提及的一樣，如果他們理解其中的意義和價值，那麼即使放任不管，他們也會主動去做；如果他們感覺到「這只是為了公司的方便而舉辦的活動吧？」，就沒有做事的幹勁。

要是把報酬和地位等誘因擺在他們眼前，他們反而可能會因為自尊心，認為「我又不是為了這種東西才工作的」而失去幹勁。

與其跟他們說「打算從這項服務中獲得多少利益」，不如告訴他們「要怎麼樣才能讓使用這項服務的顧客感到開心」，以此提高他們的熱忱。

8 不禁止副業

一般在公司禁止副業的理由中，有一點是「無法管理時間，可能會影響本業的表現」。若以「加減乘除」的法則來看，這是對那些在加法階段時還無法自己思考、只能依照他人指令來行動的人，以及還無法進行自我管理的人所做的設想。

區分「加法的副業」和「乘法的複業」是非常重要的。進入乘法階段後，不只會從公司內外部接到「要不要一起工作？」的邀約，還具備了能夠將從複業中獲得的知識見解運用（相輔相成）到本業之中的力量。

如果認為這和「無法自我管理的人會過度沉迷於賺外快，導致影響到本業工作」一樣，並用同樣的理由來禁止他們做事的話，就會過度降低他們的自由度。

順帶一提，就算老虎任職於禁止副業的公司中，他們大多也會以「志工」這種不產生金錢往來的形式進行ＮＰＯ（非營利組織）活動，或者協助他人創業等等，他們會活用自己的長處，從事對世界有幫助的事務。

而且，對老虎來說，跟金錢的報酬相比，自由的報酬具有更高的價值。因此，在公司給予他們自由的基礎上，如果遇到金錢不足的問題，能靠複業來彌補的話，對彼此都有好處。

另外，就像第四章所說的一樣，即使是處於加法階段的人，有時為了累積「一條龍式工作方法」的經驗值，從事副業也是有其成效的。

9 不造成孤立

老虎很容易會在組織中被孤立。

正如以上八條提到的那樣，他們的特性是：

- 不擅長集體活動
- 會從指定的規則中掙脫出來
- 會去做那些之後可能會被人說「我怎麼沒先聽你說過」的事
- 會說「來做那些沒有前例的事吧」
- 會去做跟當月業績無關的工作
- 如果跟他說「因為這是上層的指示嘛，我們就一起遵守吧」，會感到彆扭
- 公司為了炒熱內部氣氛而舉辦活動時，他們會喪失興致
- 會跟公司外部人士一起愉快地展開複業

不僅如此，他們還會若無其事地硬把不同部門的案子湊在一起。

此時，請不要馬上對他們說：「擅自執行與我們業務範圍相關的工作，是侵犯職權空的行為。」而請改為詢問：「你這樣做的意圖是什麼？」、「在那之後你描繪的是什麼樣的未來？」、「你是不是已經著眼於超越我們對應成本的好處了呢？」

這麼一來，除了與顧客相關的事情之外，肯定也能開始和他們討論如何使事業長久發展等重要的事。

不孤立老虎的組織，能夠創造出變化。能讓老虎愉快做事的組織，也能讓貓充滿活力地工作。因此，請不要孤立組織中的老虎。

以上就是關於「打造讓貓與老虎能好好棲息的環境」所不該做的九件事。

對樂在其中的人要制定紀律，對勤懇踏實的人要給予自由

至此，我們已經以狗、貓、老虎、獅子這四種類型為基礎，思考了與工作方法相關的各式問題。尤其，希望能提升大家對「自由地工作」、「自律地工作」這些情況的理解程度。

由於這四種類型各自的長處並不相同，喜歡哪一形式、什麼程度的自由也都各不相同，因此，所謂「自律型組織」的型態，並沒有唯一正確的解答。團隊成員各自發揮自己的資質，並取得各職責的成果，以這樣的形式來構成組織，才是「真正的和諧」。

這樣思考過與「自由的工作方式」相關的問題後，所推得的論斷是：

對認為工作不有趣的人給予自由，他們會偷懶。
對認為工作很有趣的人給予自由，他們會更加努力工作。

這就是最後得到的結論。

只是，其中還是有必須注意的要點。

有些人樂於享受「還沒真正成為工作的事（收支不平衡的事）」，如果這樣的人過於自由的話，也無法持續長久；而如果制定出與組織聯結的機制或規律的話，就容易持續長久。

至於總是勤懇踏實地做著「過時的工作（收支還沒有虧空，但是看不到未來的工作）」的人，如果一直按照目前的機制做下去，是無法持續長久的；而如果讓他們試著享受一些新事物，就容易持續長久。

舉例來說，雖然虎型人很擅長和大家一起熱鬧哄哄地討論並著手展開計畫，但是因為他們已經對實際履行感到厭倦，所以並不太喜歡去實行計畫。要是給予太多自由，他們容易把打造到一半的計畫放著不管，開始著手其他新的計畫。越是能好好活用計畫的人，就越能讓事業持續穩定發展。

而狗型人就很擅長做這些事。若能把老虎的弱項和狗的強項相互結合，便能產生良好的效果。反過來說，如果要改革現有事業，就可以把狗的弱項和老虎的強項相互結合。

也就是說，組織中存在狗、貓、老虎、獅子四種類型的人，並不代表是一種「沒有自由的和諧」，反倒是實現了「自由又有規律的和諧」。這正是最健全、最可能持續長久的職場。

對樂在其中的人要制定紀律。

對勤懇踏實的人要給予自由。

這就是本書所提倡的理想狀態。

最後，我想介紹一下經常會被問到的問題。

即使培養組織中的老虎，對方也會創業、跳槽？

A 對於「即便擁有實力，也與外部人士有所接觸，但依然不會離職的原因是什麼呢？」這個問題，藤野先生是這麼回答的：

「世界上大多數的人，都不是在『找工作』，而是在『找公司』，很容易就變成『任職於某處就等於是在工作』的狀態。但老虎不一樣。他們的目的不是對任職的公司忠誠，而是好好面對眼前的顧客與夥伴。」

對於同樣的問題，銀行員伊禮先生則立即回答道：

「以我的情況來看，果然是因為身邊有值得信賴的領導者存在啊。還有，因為我很喜歡我們公司嘛。」

結語

本書中出現的虎型上班族（組織中的老虎），都是實際存在的人物。

書中內容是根據商務網路媒體「Biz/Zine」刊載的對談連載「向虎型上班族學習『工作方法』」改寫而成的，書末也刊載了各虎型上班族的真實姓名及任職單位，歡迎讀者閱覽其中資訊。

接下來，我想先稍微回顧一下本書的創作歷程。

某天，我收到Biz/Zine總編輯栗原茂先生的來訊：「仲山先生，要不要以上班族的工作方法為主題，展開本質上的對談連載呢？您覺得與藤野先生所說的『公司職員之虎』進行對談的企畫如何？」

「好像很有趣，我想試試看！」

於是，連載便從二〇一八年二月開始了。

在還沒決定要連載幾回、要跟誰對談的狀況下就開始了。說實話，我也曾經想過「感覺並沒有那麼多虎型上班族啊，這樣的話連載可能不會持續多久吧……」

第一篇連載是與藤野先生的對談。對談被刊載到網站上後，我便在社群平台分享了這篇文章。結果，底下有人留言回覆我：「真有趣！」那位留言者就是飛驒市市長都竹先生。我心想著：「啊！發現老虎了！」便給都竹先生回覆訊息。

「我認為都竹先生在縣政府時期的故事，也非常符合虎型上班族這一主題呢！若時間允許的話，請您務必成為我們的採訪嘉賓！」

「既然是仲山先生的囑託，我只會用『Yes』或『是』來給您答覆。」

轉眼之間，就決定好採訪嘉賓了。

而且，這樣的進展並不罕見，還經常發生。越是向外界傳達虎型上班族的生態，就會有越多老虎因為嗅到「同樣的氣息」而給予回饋，熟人朋友也漸漸會開始向我介紹：「這邊有老虎哦！」

結果，我們在找尋採訪嘉賓上沒有遇到困難，就這樣持續連載了一年半。

之後，在栗原先生的介紹下，決定和編輯渡邊康治先生商談將專欄文章改寫成書的事宜。

我暗自想著：「只要將對談內容稍微編輯一下就能製作成書了，好像很輕鬆！」但渡邊先生卻帶著有點憂愁的表情說道……

「仲山先生，那幾篇連載的文字總數，加起來共有二十萬字。」

「咦！這麼多？這樣看來，不砍掉一半左右的內容大概行不通呢。」

「我也是這麼想的，所以把對談的內容全都先讀過了，但問題是……」

「該不會是……內容很無趣吧？」

「不，內容非常有趣。不如說，我實在找不到有什麼可以刪掉的地方。如果要把那些內容重新編輯，說不定對談的旨趣也會跟著瓦解……。我會再稍微思考一下該怎麼做才好的。」

接著，在企畫尚未定案的狀況下，又碰上新冠肺炎疫情的衝擊，就這樣經過了半年。

在這段期間，渡邊先生著手出版了一本以虎型上班族連載為契機而誕生的書籍。那本書就是倉成先生和電通B團隊的《把「喜歡」摻入工作中》（暫譯，翔泳社出版）。

在那之後，我和渡邊先生談起「倉成先生的書很有趣呢」，以此為契機，便重新啟動本書的企畫了。我與渡邊先生以及負責連載執筆的宮本惠理子小姐三人，經過再三討論後，決定「重新來寫這本書吧」。越是在認為不用太花心力、能輕鬆成書的時候，偏偏就越是會碰上這樣的狀況呢。

於是，經過多次挑戰與挫折，花費一年半的時間，才終於完成本書。

透過重新撰寫本書，我也有機會能更深入思考與「虎型上班族」相關的問題。

說到底，所謂的「老虎」，究竟是什麼樣子的呢？

會產生這樣的疑問，是因為連載的對談嘉賓都異口同聲地說著：「我不覺得自己是那種偉大到能被稱為老虎的人呢。」更讓人印象深刻的，是越到連載的後期，就越會聽到有人這麼說：

「因為在公司裡我經常會被認為一個『奇怪的傢伙』，總感覺自己有點格格不入，但讀了虎型上班族的連載，發現『原來還有其他跟我一樣的人存在！』之後，就覺得自己受到了很大的鼓舞。」

也因為如此，更開始加深我想要揭示與以往不同的「老虎像」，而不是一般所認知的「老虎＝強者、贏家」之形象。

在這裡，我想列舉一些正文裡沒有記載的內容。

獅子是貓科動物

我想，有些讀者應該已經注意到了。除了貓與老虎之外，獅子也是貓科動物。在這四種動物當中，只有狗是犬科動物。

如果是貓的話，只要設法努力就能成為老虎。而在四種動物類型圖當中，雖然狗的上面是獅子，但也許狗就算再怎麼努力，也沒辦法成為獅子。

一旦試著這樣思考，就忍不住會認為，最近屢屢見到「大型組織中的領導者因為行事輕率而引發麻煩」的事例，是否就是因為出於各種理由，使狗型人當上了領導者、且佯裝自己是獅子，才造成的問題。

感覺就像是，由於「披著獅子皮的狗」沒辦法應對急遽的變化，顧著優先遵從現有組織的紀律，才導致「假面被揭穿而現出原形」。

虎型上班族的最終型態

我不禁開始想像，若虎型上班族能做到極致，是否會成為「寅型上班族」🐾呢？

那種狀態就像自由的象徵「瘋癲的阿寅」🐾🐾一樣，只要不加矯飾、以自然的本我姿態行事，就能為周遭帶來幸福與快樂。我把這種「只要做自己想做且擅長的事情，就能讓大家感到高興的狀態」，稱為「以自我為中心的利他」（對詳細內容有興趣的讀者，請參考本人的拙著《加減乘除工作術》〔台灣由商周出版〕）。

其實，本書中一直不以漢字、而是用片假名來書寫這四種動物類型，正是因為想到：「虎型上班族的上面，是不是還存在寅型上班族呢？」對於還會稍微設法做些努力的虎型上班族來說，像「寅型上班族」那樣褪去銳利的獠牙與猛爪、窮盡

🐾 **譯註**：地支的第三位為寅，對應生肖為虎。日文中寅與虎的讀音皆為「とら」（tora）。

🐾🐾 **譯註**：日本知名電視劇《男人真命苦》的男主角車寅次郎。五十多年來，此作陸續推出五十部系列電影。

自然的狀態，就是他們憧憬達到的境界。

認識到狗也是「食肉目」

我在意識到「獅子是貓科動物」後，總覺得心中有些疙瘩，想著「在這四種動物類型中，只有狗被孤立了……」，沒想到查詢之後才發現，無論是犬科還是貓科，都一樣是「食肉目」！

牠們原本是從同一個物種（一種叫做「小古貓」的動物）中分離出來，而人類為了要「一邊移動、一邊狩獵」，便選擇、利用了追蹤獵物味道能力很強的「狗」來當作自己的夥伴。

至於貓的話，也有牠們能發揮的長處。據說在人類開始定居耕種稻物後，能捕捉老鼠的貓便被視為如珍寶般的存在。果然，就只是各自擅長的領域不同而已，並不是哪一方比較尊貴。更何況，大家原本都是「食肉目的夥伴」呢！

開始執筆後，家中出現了流浪貓

開始製作這本書時，我對貓本身並沒有什麼太大的興趣，也不具備與貓相關的知識。但是，正當我想著「要談論的是組織中的貓，不僅是概念上的貓，我連真正的貓也不理解，是不是一點說服力都沒有呢？」的時候……

我家的院子裡，居然出現了流浪貓。

在我們家，除了我以外的人，都是「雖然喜歡貓，但對貓過敏」，雖然是這樣有點麻煩的狀況，但我們還是為牠準備了飼料和床鋪，牠也開始會在我們家的院子裡過夜了。當我們試著把牠帶進家中後，牠又開始發出淒厲的慘叫，於是只好再把牠放回院子裡。反覆幾次之後，現在的牠已經逐漸家貓化了。

在觀察貓的過程中，我逐漸產生「貓果然完全不會照著你所想的去做呢！」的體悟。有時以為牠要去吃飼料了，結果瞬間又完全不肯吃了；遇到梅雨或酷暑

譯註：哺乳動物的一個目。現存食肉目的兩大分支為「貓型亞目」和「犬型亞目」。

時，想著讓牠進家裡比較好吧，結果牠進來後卻像是在呼喊著「放我出去！」一樣地驚聲尖叫；撫摸牠時，覺得牠看起來好像很開心的樣子，結果沒多久又突然用一副「你在幹嘛啦！」的眼神盯著你，然後逃走。

也因為這樣，我才深刻領悟到「原來狗派上司與貓派部下相處的難處，就是這種感覺啊」。

由於我想更深入了解貓的習性，便開始查詢更多與貓相關的知識。在調查的過程中，我找到了一項資訊：「從幼貓時期就和狗一起養育的話，貓也可能會成為『像狗一樣的貓』。」這正好與「在組織中產生『披著狗皮的貓』」的道理是一樣的。因此我認為，即便只是為了向大家推廣「就算在狗屋中和狗一起長大，貓也只要保持貓原來的模樣就好」這一訊息，出版這本書就是有意義的。

自由業的老虎，成為「組織中的老虎」

在「虎型上班族連載」負責執筆，幾乎負責把所有採訪嘉賓的對談都記述成文章的，正是自由撰稿人宮本惠理子小姐。順理成章地，本書也由包括宮本小姐及編輯在內的三人團隊共同進行製作。

宮本小姐在各媒體上採訪過以知名人士為首等形形色色的人們，並將採訪內容文章化、書籍化，是「自由業的老虎」。

當我們談著：「自由業的老虎是繼冒險進取之虎、叛逆青年之虎、公司職員之虎後的『第四種老虎』呢！」並持續製作本書的同時，宮本小姐宣布了一個新消息。她以創始成員的身分加入新成立的公司，據說職稱為「營運主管撰稿人」。跟老虎的特徵一樣，這是「為其打造專屬頭銜」的那種形式。

我問宮本小姐：「接下來會以什麼樣的形式工作呢？」得到了這樣的回覆……

「如果只隸屬於一間公司，總覺得自己好像會就這樣閉守在同一個地方，所以我請公司跟我簽訂半自由的合約。」

就這樣，我得到一個正可謂是「組織中的老虎」的回答，讓我強烈地感覺到「果然如此啊」。

謝詞

我認為，這本書是和「虎型上班族」的命名者藤野先生，以及諸位對談嘉賓共同完成的作品。每次採訪的時候，都能聽到各種如漫畫般絕頂特別又吸引人的小故事，實在非常有趣。在此，我想再次向各位表達謝意。

藤野英人先生、坂崎絢子小姐、伊禮真先生、齊藤義明先生、都竹淳也先生、島原萬丈先生、我堂佳世小姐、戶村朝子小姐、伊藤大輔先生、渡邊裕子小姐、流郷綾乃小姐、倉成英俊先生、岩佐文夫先生、倉貫義人先生、竹林一先生，感謝各位！

為我創造連載機會的栗原茂先生、協助撰稿的宮本惠理子小姐，託你們的福，才能讓我毫無勞苦地做著這麼有趣的工作。謝謝你們！

製作本書時，和編輯渡邊康治先生及撰稿人宮本小姐，三人一起反覆討論（新冠肺炎疫情開始後，改為透過Zoom視訊討論）如何才能充分傳達老虎的魅力的那些時間，實在非常愉快。也非常感謝為這本書畫上最完美插畫的「邪惡印章屋SHINIMO-NOGURUI」🐾的伊藤康一先生！

另外，讓像我這樣的員工任職於公司中的三木谷浩史先生，以及願意與我一起遊玩的樂天市場各商家，我對大家也只有滿滿的感謝。

最後，我也要謝謝儘管對貓過敏、依然選擇照顧出現在家中院子的野貓，並推進「家貓化計畫」，讓我得到寫作啟發的妻子，以及我十五歲的兒子（順帶一提，現在我們家的階級地位順序為「貓、妻子、兒子、我」）。

寫完這本書的現在，我所想的是「希望能為貓與老虎在組織中建立起連結關係」。我認為，目前沒有多少公司擁有「能讓老虎發揮最大限度能力的組織風氣」，感覺到自己被孤立的「組織中的老虎」也不在少數。雖然老虎也擁有喜歡孤獨的一面，但這並不代表他們希望被孤立。

如果能讓老虎彼此交流接觸，也能讓他們產生相互刺激的關係。如果是能讓老虎生存下去的組織，那麼也更容易讓貓產生活躍表現。在貓越來越多的組織裡，應當也會誕生出越來越多的老虎。

如果能為閱讀這本書的貓與老虎打造交流的契機、創造出「貓與老虎的社群」，那我會感到非常高興！（不過，雖然說是「社群」，希望不要是會太黏膩往來的那種關係。）

如果您願意的話，請將郵件寄到nakayamakouzai@gmail.com這裡來。無論是您的感想，或者只有一句話也好，我都會愉快地拜讀的！

二〇二一年十月　仲山進也

譯註：日文為「邪悪なハンコ屋しにものぐるい」。位於東京都谷中銀座商店街的印章店。

本書中出現的「組織中的老虎」（虎型上班族）一覽表

※標註的任職單位為「Biz/Zine」連載時的任職單位

● 伊禮真
琉球銀行股份有限公司 銷售綜合管理部門 媒體策略室 室長

● 齊藤義明
野村綜合研究所股份有限公司
未來創發中心二〇三〇年研究室室長

● 都竹淳也
原為岐阜縣政府職員，後成為岐阜縣飛驒市市長

● 島原萬丈
LIFULL股份有限公司 LIFULL HOME'S綜合研究所 所長

● 我堂佳世
LIKE股份有限公司 董事 經營管理部長 兼 集團事業推進擔當

● 戶村朝子
索尼股份有限公司 品牌設計系統平台
UX事業開發部門UX企畫部 內容開發課 綜合管理課長

- **伊藤 大輔** 航空自衛隊 幹部學校 航空研究中心 三等空佐🐾
- **渡邊 裕子** 原任職GLOBIS股份有限公司，後擔任有趣法人KAYAC公關宣傳
- **流鄉 綾乃** MUSCA股份有限公司 代表董事 暫定CEO
- **倉成 英俊** 電通股份有限公司 電通B團隊 創意企畫總監
- **岩佐 文夫** 原任職鑽石社股份有限公司，後成為自由編輯
- **倉貫 義人** 原任職TIS股份有限公司，後成為SonicGarden代表董事兼社長
- **竹林 一** 歐姆龍股份有限公司 革新推進本部 育成中心長
- **藤野 英人** Rheos Capital Works股份有限公司 代表董事兼社長、投資長

🐾**譯註：**日本航空自衛官的階級之一，相當於他國空軍的少校。

讀過本書之後，如果對各組織中的老虎感興趣的話，請瀏覽以下網址的對談連載「向虎型上班族學習『工作方法』」。讀者若能細細品讀本書未收錄的二十萬字豐厚內容，會是我無比的榮幸！

https://bizzine.jp/special/torari-man

2011年 為了復興支援地震災害推動企畫，在樂天市場成立「南三陸町觀光協會官方地區專櫃 MINAMINA屋」。以類群眾募資的方式，籌集兩千萬日圓的煙火大會資金。

2012年 與人氣漫畫《逆轉監督》合作，出版《靠現有成員「立大功」的團隊法則》（暫譯，講談社出版）。

2013年 與岐阜縣政府（都竹淳也先生）合作，成立電子商務經營者社群。

2014年 出版「不戰的行銷書」，《為什麼那家店能擺脫消耗戰呢》（暫譯，宣傳會議出版）。隔年，出版續集《為什麼那家公司能持續創造「差異」呢》（暫譯，宣傳會議出版），提倡共創行銷及社群商務。

2016年 從初次見面的藤野英人先生那裡得到「虎型上班族」的認證。
以專業人才合約成為日本職業足球聯賽「橫濱水手」球隊的工作人員，實施以教練、青少年為主的培育計畫。

2018年 出版《加減乘除工作術：複業時代，開創自我價值能力的關鍵》（台灣由商周出版），提倡「加減乘除法則」。
開始在Biz/Zine連載「向虎型上班族學習『工作方法』」。
在Rheos Capital Works（藤野先生的公司）成為「合約式虎型上班族」，在YO-HO BREWING成為「虛擬員工」，致力於團隊建立。

2019年 與在「橫濱水手」時期的工作夥伴菊原志郎先生合著出版《足球和商業界的專家揭示培育的本質》（暫譯，德間書店出版）。
與《名偵探柯南》的首任編輯畭俊之先生合作出版《用漫畫讀懂電子商務》（暫譯，小學館出版）。

2020年 在新冠肺炎疫情中，與倉貫義人先生共同啟動「遠距團隊建立計畫」。

2021年 與人氣漫畫《青之蘆葦》合作的書籍正在製作中。成立共享工作進展的「青之蘆葦書籍製作部」社群。

作者在提倡「組織中的貓」這一工作方式前的經歷

1973年　出生於北海道旭川市。小學三年級開始沉迷足球。

1995年　大學四年級時，司法考試落榜。

1996年　為參加就職活動（譯註：日本大學生在畢業前為找正職工作而展開的求職活動。包含選擇企業與職業、參加說明會、提出履歷、面試、錄取等過程。）而主動留級，成為大學五年級生。第二年進入夏普公司任職。

1999年　轉職到創業初期僅有二十名員工的樂天公司。不熟悉網路，在一竅不通的情況下成為首任電子商務顧問。

2000年　被告知「三週後開始新事業」後，獨自成立能讓樂天市場的商家交流學習的「樂天大學」，並致力打造商家之間的社群。

2001年　被告知「請馬上出版樂天大學的講座內容」而開始寫作，一個月後出版《樂天市場直接傳授 電子商務生意興隆的六十個祕訣》（暫譯，Impress出版）。
因無法做好管理而發布「部長白旗宣言」並自主降級，成為沒有部下的狀態。

2004年　被告知「明天開始過來幫忙」後，便被委派到日本職業足球聯賽「神戶勝利船」球隊，並為其架設網路商店。

2005年　被告知「從下個月開始製作機關誌」，便創立以樂天市場商家為主要客群的月刊雜誌《樂天Dream》。

2007年　根據由二十人成長至數千人的「組織的成長痛經驗」，展開樂天大學的「團隊建設計畫」。
不知為何就成為樂天唯一一位可自由兼差、自由出勤的正職員工。

2008年　創立仲山考材股份有限公司（與樂天兼營）。

2010年　首次出版自己的著作《上網賣東西，這樣做最賺：日本最強樂天網路商城公開銷售與經營奇技》（台灣由大是文化出版）。

國家圖書館出版品預行編目 (CIP) 資料

一流的貓系工作術 / 仲山進也著 ; 陳綠文譯 . -- 初版 . -- 新北市 : 木馬文化事業股份有限公司出版 : 遠足文化事業股份有限公司發行 , 2023.03
268 面 ; 14.8x21 公分
譯自 : 「組織のネコ」という働き方
ISBN 978-626-314-378-4(平裝)

1.CST: 組織心理學 2.CST: 工作心理學

494.2014　　　112001297

一流的貓系工作術

作　　者｜仲山進也
譯　　者｜陳綠文

社　　長｜陳蕙慧
總 編 輯｜戴偉傑
主　　編｜李佩璇
行銷企畫｜陳雅雯、余一霞、林芳如
封面設計｜李偉涵
內頁排版｜簡至成
內文插畫｜SHINIMONO-GURUI

讀書共和國出版集團社長｜郭重興
發 行 人｜曾大福
出　　版｜木馬文化事業股份有限公司
發　　行｜遠足文化事業股份有限公司
地　　址｜231 新北市新店區民權路 108-3 號 8 樓
電　　話｜(02)2218-1417
傳　　真｜(02)2218-0727
Email｜service@bookrep.com.tw
郵撥帳號｜19588272 木馬文化事業股份有限公司
客服專線｜0800221029
法律顧問｜華洋國際專利商標事務所蘇文生律師
印　　刷｜呈靖彩藝有限公司

ISBN｜9786263143784 (平裝)
9786263143975 (EPUB)
9786263143968 (PDF)
定　　價｜360 元
初　　版｜2023 年 3 月

「組織のネコ」という働き方
(Soshiki no Neko toiu Hatarakikata : 7023-7)